놀면서
똑똑해지는

두뇌발달 놀이백과

한 그루의 나무가 모여 푸른 숲을 이루듯이
청림의 책들은 삶을 풍요롭게 합니다.

과학교육 전문가 엄마들의 아주 특별한 놀이육아

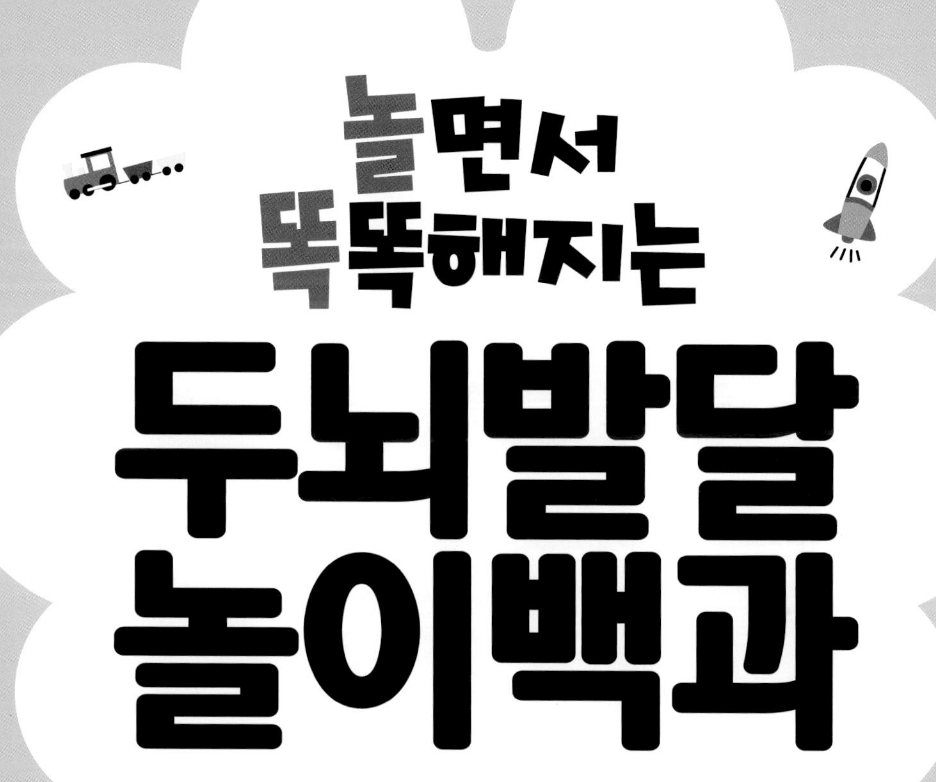

놀면서 똑똑해지는 두뇌발달 놀이백과

권정아 · 전예름 지음

청림 Life

"놀면서 똑똑해져요"

소중한 아기를 만난 첫 순간은 경이로움과 감사, 기쁨과 행복으로 가득했습니다. 하지만 엄마가 된 후 마주하게 된 현실은 우울감, 방전된 체력, 요동치는 호르몬, 육아 스트레스와 싸우는 날들의 반복이었습니다. 가끔은 '혼자 있고 싶다', '도망치고 싶다'는 생각에 '나는 모성애가 부족한 엄마'라며 자책까지 하게 됐지요. 사회적으로 규정해놓은 '모성'의 의미가 엄마에게는 참으로 큰 부담을 지우고 있다는 것을 깨달았어요. 상상 속의 엄마와 실제의 엄마는 많이 달랐으니까요. 아이가 커갈수록 육체적 고통은 하루하루 조금씩 나아졌지만, 또 다른 차원의 어려움과 마주하게 됐습니다. 부모는 기존의 보육자로서의 역할뿐만 아니라 교육자로서의 역할까지 감당하게 되었어요. 그래서 아이와 함께 있다 보면 오늘 하루 아이와 좋은 시간을 보낼 수 있게 도와주는 정보에 늘 목이 마릅니다. 또 한편으로는 넘쳐나는 육아 정보의 홍수 속에서 우리 아이를 잘 키우려면 어떻게 해야 할지에 대해서도 늘 고민하지요.

뇌 과학이 발달하면서 아기는 미성숙한 뇌를 갖고 태어난다는 사실이 알려졌습니다. 그리고 아기가 가진 선천적인 유전자도 중요하지만, 그 유전자가 발현되는 데에는 환경적인 요인도 중요하다는 사실도 말이지요. 아이가 행복한 삶을 살 수 있도록 도와주려면, 대략 생후 5년 동안 아이의 뇌 발달에 도움이 되는 긍정적인 환경이 필요해요.

이 책에서는 '오늘은 뭐하고 놀지?', '오늘은 어떻게 시간을 보내지?' 고민하는 부모

님에게 도움이 되는 정보를 담았습니다. 아이의 연령에 따른 감각, 시각, 언어, 신체, 정서, 주의집중력, 기억력 등의 두뇌 발달 정보와 관련 놀이들을 세세하게 소개했어요. 손쉽게 준비해서 다양하게 변형해볼 수 있는 놀이들, 직접 아이를 키우면서 함께 놀며 효과를 본 놀이들 위주로 엄선했어요. 특히 놀이와 관련된 나들이 코스까지 함께 제시한 것이 특징입니다.
함께 아이를 키우는 부모로서 오늘도 수고했다고 토닥거리며, 아이를 위해 공부하며 쓴 이 책이 많은 분들의 육아에 도움이 되기를 바라는 마음입니다.

권정아 · 전예름

1장. 아이의 성장과 두뇌 발달

2장. 감각 발달을 돕는 놀이와 나들이

감각 발달 놀이

4장. 언어와 청각 발달을 돕는 놀이와 나들이

5장. 신체 발달을 돕는 놀이와 나들이

6장. 정서 발달을 돕는 놀이와 나들이

7장. 주의집중력 발달을 돕는 놀이와 나들이

8장. 기억력 발달을 돕는 놀이와 나들이

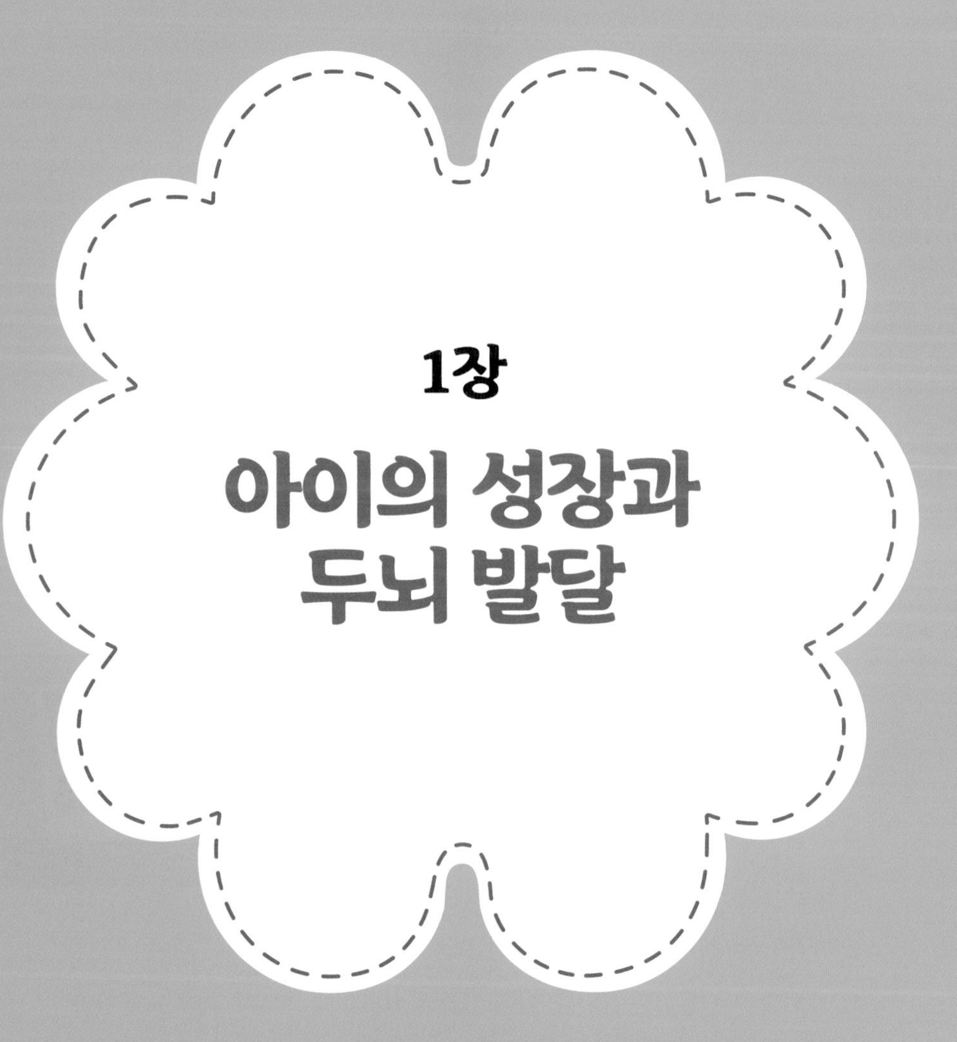

1장

아이의 성장과 두뇌 발달

육아가 시작되었어요

아기와의 만남

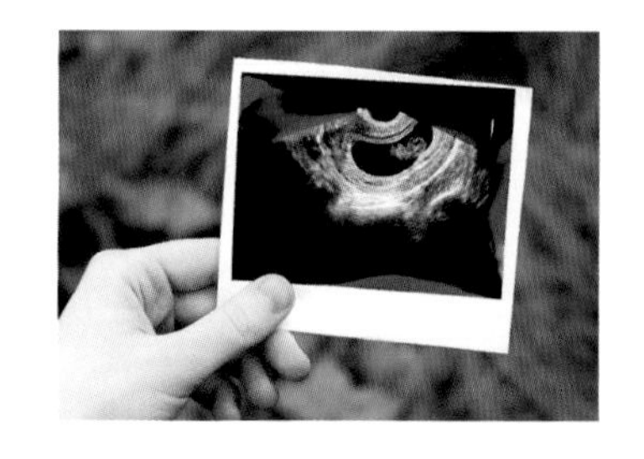

초음파 화면으로 꼬물꼬물 움직이는 아기 모습이 보입니다. 가끔은 태동이 너무 활발해서 엄마를 아프게도 하지요. 임신은 엄마 아빠에게 신기하고 놀라운 경험입니다. 임신 5개월 무렵, 뱃속에서 아기의 미세한 움직임을 처음 느낀 그 순간을 아직도 생생하게 기억해요. 크기가 1cm도 되지 않았던 아기는 엄마 뱃속에서 하루가 다르게 쑥쑥 큽니다. 이때 아기의 뇌도 기본 형태를 갖추고 발달하기 시작해요.

드디어 출산 D-Day! 꼼지락꼼지락 움직이는 귀여운 아기와 직접 만나는 날이에요. 세상에 태어난 아기는 놀라울 정도로 빠르게 성장해요. 많은 부모가 첫 아이의 성장 과정을 보며 놀라곤 합니다. '혹시 우리 아이가 천재가 아닐까'라는 걱정 섞인 기대를 할 때도 있지요. 대부분의 부모가 육아를 하며 한 번쯤 해보는 생각입니다.

누웠다가, 뒤집었다가, 앉았다가, 섰다가, 걷기까지! 이 모든 변화가 아기가 태어나고 대략 1년 전후로 이뤄집니다. 정확한 소리를 구별하지 못하던 아기는 어느새 가족들의 목소리를 모두 구별하고 비슷하게 따라하려고 해요. 또 초점을 잘 맞추지 못하던 아기가 형형색색 다양한 색을 구분하고 좋아하게 되지요.

아이 성장 환경의 중요성

흔히들 아이의 성장과 발달 정도는 부모 유전자의 영향을 받아 결정된다고 생각해요. 똑똑한 부모 밑에서 똑똑한 아이가 태어나고, 아이의 지능은 이미 결정돼 있다고 말이에요. 물론 유전적으로 타고난 부분이 큰 건 사실이에요. 그러나 학자들의 생각은 조금 다릅니다. 학자들은 사람의 뇌가 일생에 걸쳐서 변화하고, 생후 5년까지 중요한 변화가 이뤄진다고 말해요.

어린 시절에 경험한 칭찬이나 좋은 추억과 같은 긍정적인 자극은 아이의 지능과 정서 발달에 도움이 됩니다. 반면에 부정적인 자극은 뇌 발달에 악영향을 주지요. 그러므로 부모는 아이의 발달에 도움이 되는 성장 환경을 만들어주기 위해 끊임없이 고민하고 노력해야 해요.. 아이가 자신의 능력을 발휘하며 행복하게 성장하기를 바란다면, 환경적인 부분의 중요성을 간과해서는 안 되겠지요.

갓 태어난 아기의 뇌는 아직 세부적인 기능이 발달하지 못한 상태예요. 이 시기에 아기의 뇌가 어떻게 발달해가는지 이해한다면 육아에 큰 도움이 됩니다. 예를 들어, 신생아는 초점을 잘 맞추지 못하고 색을 구별할 수 없다는 것을 알면 아기의 뇌 발달에 적절한 자극을 주는 환경을 조성할 수 있겠지요. 정보의 홍수 속에서 우리 아기의 연령에 도움이 되는 육아용품을 구입할 수도 있고요. 아이의 뇌 발달 정도는 부모의 관심과 노력에 따라 달라지기 때문에 발달에 관한 중요한 정보들을 반드시 알아두어야 합니다.

그렇다면 아이의 뇌에 긍정적인 자극을 주고, 균형 있는 발달을 돕기 위해서는 어떻게 해야 할까요? 먼저 뇌 구조를 이해할 필요가 있어요. '뇌 구조', '뇌 발달'이라는 용어가 어렵게 느껴지나요? 그러나 부담을 가질 필요는 없어요. 우리의 목적은 뇌 전문가가 되는 것이 아니랍니다. 아이의 뇌 구조를 이해하고, 발달에 도움이 되는 환경을 조성하는 것이 목적이지요.

뇌는 영역별로 발달 시기와 기능이 다릅니다. 그래서 적절한 시기에 필요한 자극을 주도록 노력해야 해요. 아이의 뇌 발달을 돕는 구체적인 방법을 소개하기 전에 먼저 우리의 뇌에 대해 알아보도록 할게요.

우리 뇌에 세포가 있어요

뇌세포 '뉴런'

뇌세포는 '뉴런Neuron'이라고도 불러요. 한 사람에게는 대략 1천억 개의 뉴런이 있어요. 뉴런의 앞부분에 해당하는 구불구불한 '수상돌기'는 출생 후에 열심히 발달합니다. 뉴런은 수상돌기를 통해 다른 뉴런과 연결되며 서로 정보를 주고받아요. 수상돌기가 증가하면 뉴런들의 연결도 많아져 정보를 더 많이 받아 저장하게 됩니다. 이 과정을 통해 지능이 높아지고 학습 능력도 발달하게 되지요. 수상돌기는 출생 초기에 단순한 형태이지만, 외부 자극에 의해 점차 복잡하게

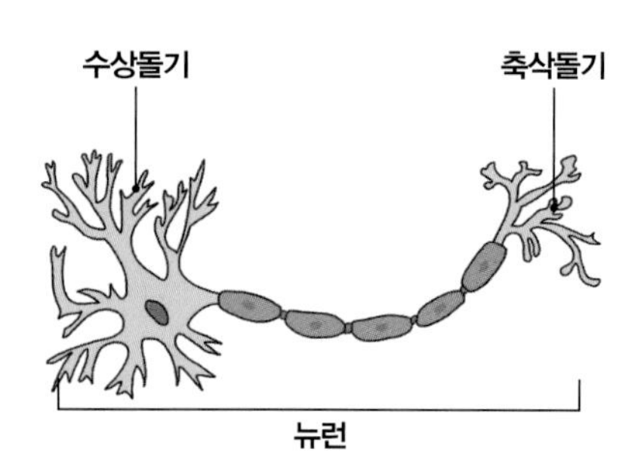

발달하여 유아기 무렵에는 성인과 비슷한 형태가 됩니다.

뉴런 간의 정보 전달 방법

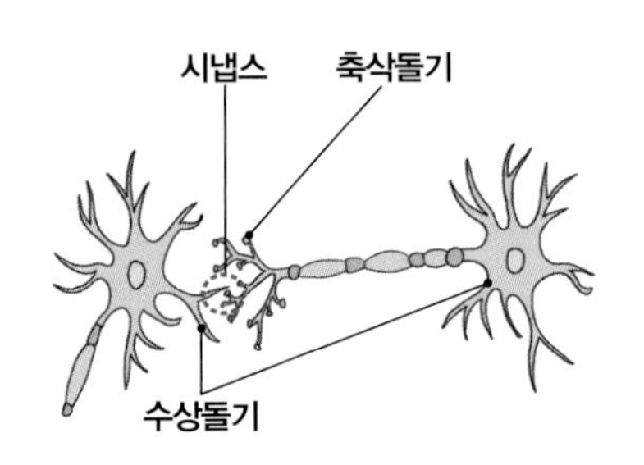

뉴런과 뉴런은 '시냅스'를 통해 서로 정보를 교류해요. 시냅스는 뉴런 간에 신호를 주고받는 수상돌기와 축삭돌기 사이의 틈새로, 뉴런 간의 이음매라고 할 수 있어요. 출생 후 아이가 촉각, 청각, 시각 등의 자극을 통해 세상을 인식하게 되면서 시냅스가 급격히 늘어나게 됩니다. 다양한 환경 자극과 경험을 통해 시냅스가 발달하고 뉴런과 뉴런의 상호 연결이 이뤄지게 되지요.

시냅스의 수는 1~3세까지 급격히 늘어나다가 3세 이후에 반으로 줄어듭니다. 불필요한 시냅스를 서서히 없애고, 유용한 시냅스를 더욱 정교하게 만드는 '시냅스 가지치기'가 이뤄지기 때문이에요. 이를 통해 자주 사용하는 기능이 집중적으로 발달하고 자리잡게 됩니다. 그러므로 시냅스의 수가 얼마나 많느냐보다 시냅스 가지치기 과정이 얼마나 잘 이루어졌느냐가 뇌 발달의 핵심이라고 할 수 있어요.

아이의 뇌는 어떻게 발달할까요?

뇌의 3층 구조

아이의 뇌는 어느 한 시기에 한 번에 발달하지 않아요. 뇌 부위에 따라 평생에 걸쳐, 혹은 연속적으로 발달이 이뤄집니다. 그러나 대략적인 발달 시기는 어느 정도 구분할 수 있어요. 신경과학자인 폴 맥린Paul MacLean은 뇌 구조를 진화와 기능의 관점에서 크게 '뇌간', '변연계', '대뇌피질'로 나눠 설명합니다.

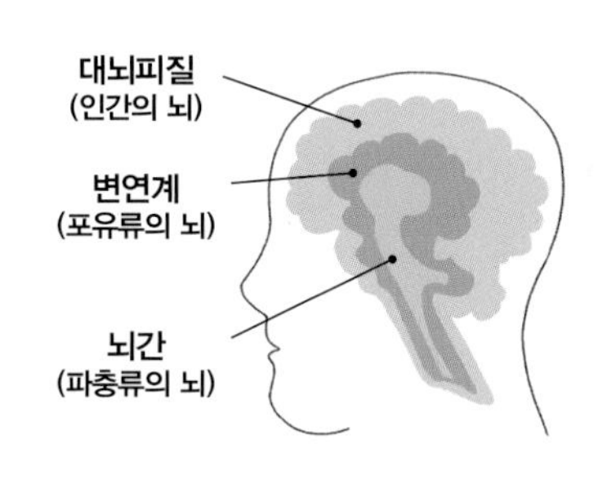

뇌간의 기능과 발달 시기

뇌의 안쪽에 위치한 '뇌간'은 호흡, 심장박동, 혈압 조절과 같은 생명 유지 기능을 담당해요. 그래서 '생명의 뇌'라고 부릅니다. 더불어 가장 원시적인 뇌로 '파충류의 뇌'라고도 불러요. 뇌간은 태아 때 생겨서 생후 15개월까지 발달합니다. 뇌간이 손상되면 생명을 유지할 수 없는 뇌사 상태가 되지요.

변연계의 기능과 발달 시기

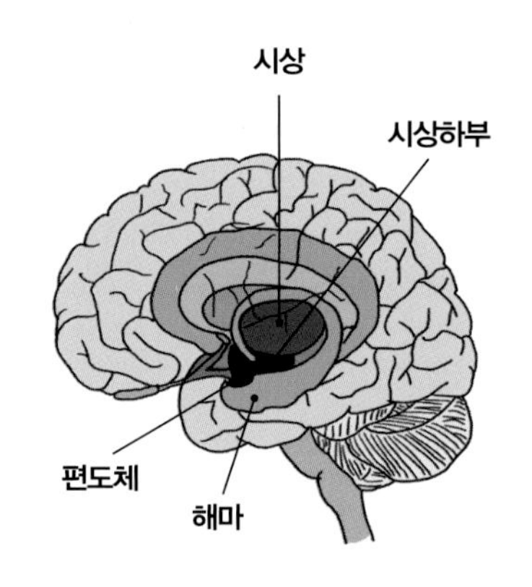

'변연계'는 감정, 정서, 동기, 기억과 관련된 기능을 담당해요. 그래서 '감정의 뇌'라고 불리지요. 포유류 이상의 동물에게만 발견되어 '포유류의 뇌'라고도 합니다. 변연계는 생후 15개월 무렵부터 4세까지 발달해요. 이 시기에 아이의 정서도 급속히 발달합니다. 이때 아이가 겪는 긍정적인 정서와 부정적인 정서는 성인이 된 후에도 영향을 미치기 때문에 특별히 신경써야 해요. 변연계와 관련된 여러 부위 중 편도체, 해마, 시상과 시상하부의 기능을 살펴봐요.

편도체

생김새가 아몬드와 비슷해서 아몬드의 한자어인 '편도扁桃'라고 이름 붙여졌어요. 편도체는 감정을 조절하고 공포를 기억하는 역할을 합니다. 사람은 공포나 불안을 느끼면 본능적으로 자신을 방어하는 행동을 취해요. 그러나 편도체에 문제가 생기면 공포를 인지하지 못하게 됩니다. 더불어 타인의 겁에 질린 표정도 읽지 못하게 돼요.

해마

그리스 신화에 등장하는 바다의 신이 타는 말의 앞다리와 닮아서 '해마海馬'라고 이름 붙여졌어요. 편도체와 마찬가지로 좌우 반구에 하나씩 있습니다. 해마는 시각, 청각, 촉각 등 모든 감각에 관여하는 전기 신호가 입력되는 곳으로, 각각의 정보를 기억해두는 역할을 해요. 발달 속도가 느린 편이라 만 3~5세가 되어야 기능이 완전히 발달합니다.

시상과 시상하부

시상은 생김새와 실제 크기가 호두와 비슷해요. 몸의 신호를 뇌에 보내는 동시에 뇌의 신호를 몸으로 보내는 교통 담당 역할을 합니다. 시상하부는 시상의 아래쪽에 있어요. 체온, 섭식, 수면 등 신체 기능과 호르몬을 조절합니다. 신체 내부 환경을 계속 파악하는 곳이기도 하지요.

대뇌피질의 기능과 발달 시기

가장 바깥에 위치한 '대뇌피질'은 뱃속의 태아 때부터 생성돼 죽을 때까지 발달해요. 뇌에서 쭈글쭈글한 주름이 있는 부분으로, 전체 뇌 부피에서 2/3를 차지합니다. 진화의 관점에서 가장 최근에 만들어진 뇌로 '인간의 뇌'라고도 불러요. 인간만이 가지고 있는 생각, 추론, 판단, 창조 기능을 담당해서 '생각의 뇌'라고도 부르지요. 대뇌피질은 후두엽(시각), 측두엽(언어), 전두엽(운동·사고), 두정엽(공간)의 네 영역으로 분류해요. 각 영역은 서로 협동해서 기능을 수행합니다.

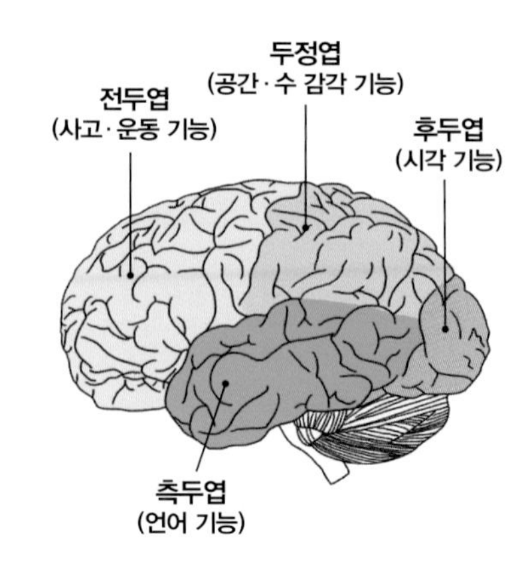

아이가 나뭇잎을 바라볼 때 대뇌피질에서는 어떤 일이 일어날까요? 후두엽에서 나뭇잎의 모양과 색깔을 구분합니다. 그리고 측두엽에서 나뭇잎이라는 낱말을 연상시키고, 두정엽에서 나뭇잎의 위치를 인식해요. 전두엽에서는 나뭇잎을 만지기 위해 손을 내밀어야겠다고 생각합니다. 이처럼 대뇌피질 각각의 기능이 잘 발달하면 자연스레 서로 영향을 미치게 돼요. 이를 통해 아이는 인지, 정서, 언어, 신체를 통합적으로 학습하게 되지요.

아이가 성장함에 따라 대뇌피질의 각 영역은 더욱 활발하게 발달합니다. 특히 생후 24개월이 지나면 전두엽은 상당한 발달이 이뤄져요. 아이는 24~48개월만 돼도 사물의 개념과 기능을 이해하기 시작하지요. 그리고 48개월이 지나면 발음 기능이 발달해 말을 정확하게 할 수 있게 됩니다. 7세 무렵부터는 수 감각 및 공간지각력을 담당하는 두정엽과 언어를 담당하는 측두엽의 시냅스가 활발하게 형성돼요. 수학과 과학, 한글과 외국어 학습이 가능해지는 시기예요. 아동기 후반에는 한 과제에 선택적으로 집중하거나 주변 자극을 억제하는 능력이 발달하고, 상상력을 발휘하는 추상적 사고도 가능해져요.

전두엽

대뇌피질의 모든 기능을 총괄하는 곳으로 네 개의 엽 중에서 가장 부피를 많이 차지해요. 또한 감정의 뇌인 '변연계'와 연결돼 있어요. 주로 언어, 계획, 추리, 문제 해결, 운동, 감정 조절 기능을 담당해요. 이마 쪽에 위치해 있어서 '이마엽'이라고도 부른답니다.

두정엽

가장 위쪽에 있는 두정엽은 수 개념, 공간 감각을 관장하기 때문에 '아인슈타인의 뇌'라고도 불러요. 입체적·공간적 사고, 계산 및 연상 기능을 담당해서 정신을 집중하거나 공간을 지각하는 학습 능력을 기르도록 돕지요. 더불어 일차체감각 피질이 있어서 피부를 통해 들어오는 감각 정보를 1차적으로 처리합니다. 뜨거운 감각을 느끼면 몸이 움찔하거나 피하도록 동작을 취하는 것과 같은 기능을 하지요.

측두엽

귀 뒤쪽 관자놀이에 있어서 '관자엽'이라고도 불러요. 귀를 통해 들어오는 청각 정보를 처리하는 곳으로 좌측 측두엽은 언어를, 우측 측두엽은 언어 속 감정 메시지를 인지해요. 좌측 측두엽 끝에 위치한 베르니케 영역은 언어를 이해하고 해석하는 기능과 단어를 정확한 문장으로 조합하는 기능을 합니다. 그밖에 측두엽은 미각과 후각 기능을 담당해요.

후두엽

눈을 통해 들어온 시각 정보를 처리하는 곳이에요. 색, 모양, 위치, 크기, 빠르기 등의 시각 정보를 인식합니다. 자극이 들어오면 먼저 1차 시각 영역에서 정보를 인지해요. 동작에 민감한 세포, 색에 민감한 세포 등 각각의 세포가 정보에 반응하는 것이지요. 세포의 반응은 2차 시각 영역으로 전달돼 이전에 가지고 있던 정보와 비교해 사물을 시각적으로 변별합니다. 예를 들면, 이전에 뇌가 가지고 있던 포도의 시각 정보를 꽃의 시각 정보와 비교해 새로운 시각 정보가 무엇인지 변별하는 것이지요.

[연령별 뇌 발달 부위와 기능]

연령	기능
수정 이후부터 생후 15개월까지	· 기초적인 생존 욕구 및 안전 욕구 발생 · 감각 발달(시각, 청각, 촉각, 후각, 미각) · 근육 및 팔다리 동작 발달(구르기, 앉기, 걷기 가능)
생후 15개월부터 4세까지	· 정서 발달 · 언어 습득 및 의사소통 능력 발달 · 상상력과 기억력 발달 · 타인과 관계 형성 및 사회성 발달
4세부터 6세까지	**우뇌** · 상황의 전반적 흐름 파악 능력 발달 · 직관적, 추측적 사고 발달 · 얼굴 표정 및 감정 인식 발달 · 색깔, 이미지, 입체적 · 공간적 지각 능력 발달

	전두엽 · 소근육 발달 · 내면 대화 가능(종합적 사고 가능, 사물의 개념 및 기능 이해)
이후 아동기	**좌뇌** · 상황의 세부적 구조 파악 능력 발달 · 분석적, 논리적 사고 발달 · 언어 발달(읽기와 쓰기, 문장력 등) · 수학 문제 풀이 능력 발달 **두정엽** · 수학 학습 능력 발달(수, 도형의 조작 및 이해)

⊕ 아이의 뇌는 결정적 시기를 기점으로 폭발적인 시냅스 분화가 이루어집니다. 따라서 해당 영역이 발달할 수 있는 기초를 미리 다질 수 있게 다양한 경험을 쌓아두는 것이 좋습니다.

두뇌 발달을 돕는 놀이와 나들이를 시작해요

두뇌 발달 놀이란?

생후 5년 동안 아이가 하는 모든 활동은 뇌 발달에 어떤 식으로든 영향을 줍니다. 그러므로 엄마 아빠가 아이에게 긍정적인 자극을 주는 환경을 조성해줘야 해요. 어렵게 생각하지 않아도 돼요. 아이가 놀이에 빠져 있으면 참 행복해 보이지 않나요? 아이들은 놀면서 즐거워해요. 즐겁게 노는 아이를 보면 엄마 아빠의 마음도 따뜻해집니다. 이러한 긍정적인 정서는 아이의 내적 동기를 자극해 주도성을 키우고 성취감을 느끼도록 하지요.

아이가 즐겁게 놀 때는 '도파민'이라는 신경전달물질이 분비됩니다. 도파민은 즐거운 정서, 의욕, 집중력을 북돋아줍니다. 아이가 즐겁게 놀면서 배울 때 뇌가 스스로 동기를 유발하게 되는 거예요. 배우는 과정에서 즐겁다고 느끼면 정서 기억을 담당하는 편도체가 작용해 학습력이 강화되지요.

반대로 아이가 스트레스를 받으면 시냅스의 정상적인 기능에 문제가 발생해 학습 능률이 떨어집니다. 스트레스 상황에 지속적으로 노출되면 뇌 구조가 변한다는 무서운 연구 결과도 있어요. 즉, 스트레스 상황이 아닌 즐겁고 긍정적인 상황에서 아이의 자발적 학습이 이뤄져야 아이의 뇌가 효과적으로 발달할 수 있습니다. 이에 가장 적절한 방법이 바로 '놀이'입니다.

학습력을 높이는 놀이

놀이는 아이 뇌의 뉴런을 자극해요. 부모는 아이와 함께 놀이를 하며 아이 뇌에서 의미 있는 시냅스 가지치기가 이뤄지도록 도울 수 있어요. 이를 통해 아이의 뇌는 신경회로를 많이 형성하게 되고, 정보를 처리하고 활용하는 능력을 키울 수 있지요.

예를 들어, 아이는 역할놀이를 통해 자연스럽게 공감 능력과 사회성을 기르게 됩니다. 학습이 아닌 놀이로 활동을 접하게 되면 스트레스도 줄어 들지요. 이처럼 부모는 놀이육아를 통해 아이가 자신의 능력을 발휘하며 행복하게 사는 사람으로 성장하도록 도와줄 수 있습니다. 또한 IQ로 아이의 지적 능력을 판단하거나, 아이의 뇌 발달 상태와 성향을 고려하지 않은 지나친 사교육에 의존하는 실수도 줄일 수 있어요.

뇌는 영역별로 발달이 이뤄지는 최적의 시기가 다릅니다. 그래서 놀이육아를 할 때 시기에 맞는 적합한 놀이를 하는 것이 중요해요. 대략 0~3세 아이는 따뜻한 스킨십과 함께 시각, 촉각, 청각, 후각, 미각의 오감을 활용하는 놀이로 뇌를 자극하고, 4~7세 아이는 상상력을 자극하기 위해 보다 넓은 세상을 경험할 수 있는 환경을 만들어주면 좋아요.

집 안에서 아이와 어떻게 두뇌 발달 놀이를 해야 할지, 나들이를 통해 어떤 경험을 시켜주면 좋을지 아직 갈피를 잡지 못했나요? 아래의 준비 단계를 참고해 차근차근 시작해보세요.

1단계 두뇌가 발달하는 환경 만들기

1 아이와 스킨십을 자주, 많이 해주세요.

아이의 뇌 발달에 가장 중요한 것은 정서적으로 안정된 환경이에요. 부모와 스킨십을 통해 안정적으로 애착을 형성한 아이가 바르고 건강하게 자랄 수 있답니다. 아이가 정서적으로 안정되지 않은 상태에서 여러 가지 자극을 주는 것은 큰 의미가 없어요.

2 아이가 풍부한 경험을 할 수 있도록 해주세요.

아이의 뇌는 새로운 자극을 매우 빠르고 쉽게 받아들여요. 그래서 아이는 일상에서 사소한 것도 새롭고 신기해하지요. 가끔은 '이게 그렇게 웃기고 신기할 일인가?' 싶을 만큼 과하게 반응하는 아이의 모습을 볼 수 있어요. 그러므로 아이의 호기심을 자극하는 풍요로운 환경과 도전적인 분위기, 그리고 부모의 긍정적인 피드백이 필요합니다.

③ 아이가 겪을 수 있는 부정적인 경험을 줄여주세요.

유아기에 지속적으로 스트레스를 받은 아이는 뇌의 감정 조절 능력이 손상돼 공격적이거나 폭력적인 행동을 보일 수 있어요. 또한 스트레스 호르몬인 코르티솔 분비가 증가해 뉴런이 손상을 입게 됩니다. 그로 인해 시냅스 수가 줄어들고 기억력이 저하되는 등 뇌 발달에 부정적인 영향을 주지요.

④ 아이가 충분히 움직일 수 있는 시간을 주세요.

충분한 움직임은 뇌의 신경 전달 속도를 높여 아이의 학습 능력을 향상시킵니다. 또한 뇌에 산소를 공급하고 뉴런의 성장을 촉진하며, 뉴런 간에 더 많은 연결이 이뤄지게 해요. 움직임은 아이의 기억, 정서, 언어, 학습을 포함한 모든 뇌 기능에 필수적인 요소인 셈이지요.

2단계 오감과 신체를 활용하기

어린 아이일수록 한 가지 자극만 접하기보다 오감을 통해 느끼도록 풍부한 자극을 주는 것이 좋아요. 아이가 사물이나 상황을 훨씬 더 생생하게 기억할 수 있기 때문이에요. 예를 들어, 아이에게 '토끼'에 대해 알려줄 때 토끼에 대한 책을 읽어주거나 토끼 그림 카드를 보여주는 것보다 직접 토끼를 보면서 털을 만지고 먹이를 주는 것이 훨씬 효과적인 경험이 될 수 있어요. 이렇게 오감을 활용하면 아이의 뇌에 정서적 흔적을 남겨서 더욱 생생하게 기억되지요.

아이가 엉금엉금 기어다니는 행동은 팔 다리의 균형 감각과 힘을 키우는 동시에 좌뇌와 우뇌가 균형 있게 발달하도록 도와줍니다. 아이가 걷고 뛰는 과정에서 신체, 정서, 인지 발달이 이뤄져요. 즉, 나들이를 통해 아이가 신체를 움직이면서 뇌가 종합적으로 발달하게 됩니다.

이처럼 오감 놀이를 통해 다양한 자극을 접하고, 신체 활동으로 세상을 인식하면서 아이의 내적 욕구를 충족시키는 것은 뇌 발달에 효과적이에요.

3단계 놀이와 나들이를 함께하기

아이의 뇌 발달에는 놀이와 나들이가 함께 이뤄지는 것이 효과적이에요. 뇌는 무언가를 처음 접할 때보다 두 번 이상 접할 때 빠르게 반응하고 정보를 신속하게 처리합니다. 이는 반복 학습을 통해 정보를 더 잘 기억하게 되는 원리와 같아요. 어린 아이의 경우, 대부분의 자극과 경험이 새로운 것이기 때문에 여러 자극이 지속적으로 반복돼야 기억으로 형성되고 학습이 이뤄지게 됩니다. 그러므로 놀이와 나들이를 비슷한 주제나 내용으로 함께 하면 아이의 기억에 오래 남고 학습 효율이 오르게 되지요.

두뇌 발달 놀이 유의사항

1. 놀이를 강요하지 마세요.

아이가 놀이를 할 때 엄마 아빠의 계획대로 놀도록 강요하지 않는 것이 중요해요. 아이가 안전한 범위 내에서 자유롭게 탐색하고 생각하고 움직이며 조작할 수 있도록 지켜봐주세요.

2. 아이의 컨디션과 성향을 고려하세요.

이것이 놀이의 성패를 좌우한다고 해도 과언이 아니에요. 아이가 졸리고 피곤할 때 놀이를 한다면 당연히 부모가 의도하지 않은 상황이 벌어질 거예요. 또한, 아이의 발달 단계에 따라 욕심내지 말고 놀이를 해야 해요. 아이마다 발달이 빠른 분야도 있고 조금 느린 분야도 있기 때문에 조바심을 내지 말고 즐겁게 시간을 보내세요.

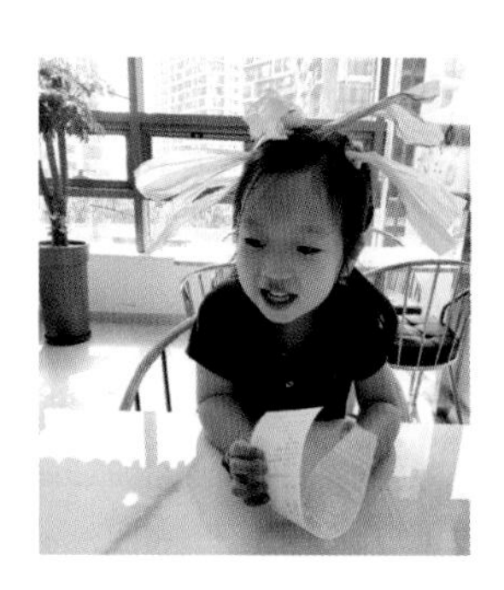

3. 놀이 준비에 지나치게 부담 갖지 마세요.

비싸고 좋은 장난감을 주문해서 택배가 도착했을 때, 아이가 장난감 대신 뽁뽁이 포장지에 열광하는 모습을 본 적 있을 거예요. 뽁뽁이 같은 재활용품, 냉장고 속 채소, 집 안에 있는 다양한 생활용품, 스타킹과 같이 아이에게 생소한 재질의 옷과 주변 재료를 이용하는 것부터 시작해보세요.

4 놀이와 생활을 구분할 필요는 없어요.

아이의 생활 습관을 잡을 때도 놀이를 이용하면 좋아요. 만약 아이가 그림자 놀이에 흥미를 보인다면, 자기 전에 10분 정도 그림자 놀이를 하고 잠자리에 드는 패턴의 수면 습관을 가질 수 있겠지요. 편식이 심한 아이나 이유식을 시작한 아이에게 음식에 대한 관심을 주고 싶다면, 채소로 얼굴을 만들거나 채소에 물감을 묻혀 도장 찍기 놀이를 하면 도움이 되기도 합니다.

책 속 놀이와 나들이를 함께해요

책 속 두뇌 발달 놀이 특징

1 쉽고 재밌어요.

일상 재료를 사용한 놀이를 소개했어요. 부모가 전문 지식이 없어도 쉽게 따라할 수 있어요. '더 쉽고 재밌게 놀아요' 코너를 참고하면 재료 준비 상황에 맞게 놀이를 변형할 수 있어요.

2 뇌 발달 관점에서 놀이 효과를 설명했어요.

'놀면서 똑똑해져요' 코너에서는 아이의 뇌 발달을 돕는 놀이를 제안해요. 놀이 효과를 인지하고 아이에게 적절한 환경을 만들어주는 데 도움이 될 거예요.

3 아이 연령에 맞게 놀이를 응용할 수 있어요.

각 장마다 놀이를 6개월, 12개월, 18개월, 24개월, 30개월, 36개월 순서로 구성했어요. 연령이 다른 아이도 놀 수 있도록 '다른 연령이라면?' 코너에서 응용 방법을 소개했어요.

나들이와 놀이를 연결하는 방법

1. 비슷한 놀이를 해요.

아이가 어린이 박물관에서 왕관을 써봤다면 집에서 상자나 은박지, 일회용 접시를 활용해 왕관을 만들어보세요. 인형에게 왕관을 만들어서 씌워줘도 재밌어요. 이처럼 나들이와 비슷한 주제로 놀이를 반복하는 거예요.

2. 비슷한 재료를 활용해요.

딸기 따기 체험을 했다면 딸기를 만지고 냄새를 맡고 씻어서 먹거나 딸기잼을 빵에 발라 먹어보세요. 혹은 딸기 그림을 그리는 등의 방법으로도 응용할 수 있어요. 숲에서 놀았다면 땅에 떨어진 나뭇잎과 나뭇가지를 집에 가져와서 프로타주 기법을 이용한 그림 놀이를 할 수 있지요.

3. 관련 책과 연결해요.

동물원에서 먹이 주기 체험을 하거나 어린이 과학관에서 곤충을 관찰한 후, 집에 돌아와서 자연 관찰책으로 한 번 더 경험한 내용을 반복해주세요.

4. 사진이나 동영상을 보며 기억력을 높여요.

나들이 중에 찍었던 사진이나 동영상을 보며 아이와 이야기를 나눠주세요. 아이의 기억이 한층 강화될 거예요.

미리 준비하면 편한 놀이 준비물

1 미술 놀이 준비물

물감, 붓, 팔레트, 물통 등 물감 놀이 세트와 스케치북, 색연필, 크레용, 어린이용 안전가위, 풀, 색종이를 미리 구매해두면 좋아요. 커다란 물감을 구입하는 것보다 용량이 작은 물감을 구입해 필요한 색깔만 꺼내 사용한 후 그때그때 처리하는 것도 방법이랍니다.

2 물감 놀이용 일회용품

일회용품 사용을 지양하는 것이 좋지만, 뒷정리가 난처한 놀이를 할 때는 몇 가지 일회용품이 도움이 됩니다. 종이컵, 플라스틱 컵, 어린이용 비닐장갑, 어린이용 물약병을 사용하면 뒷정리 부담이 줄어요.

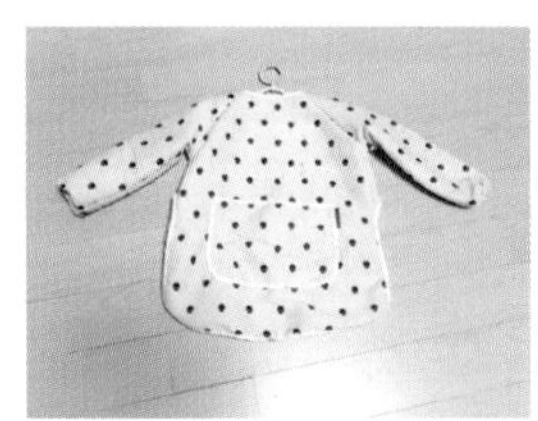

3 미술가운

오감 놀이와 물감 놀이를 할 때 아이에게 유아 미술가운을 입히면 뒷정리가 수월해요.

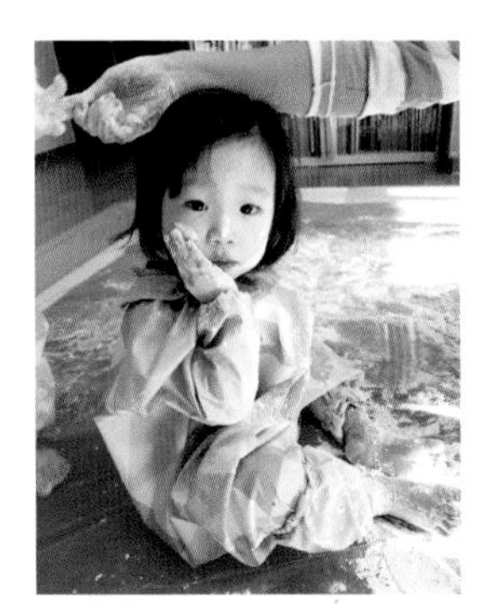

4 바닥에 깔 비닐 또는 김장 매트

물감 놀이를 할 때 바닥에 김장 매트나 일회용 비닐을 깔고 놀면 아이가 바닥에 물감을 묻히지 않을까 전전긍긍하지 않아도 돼요. 놀이가 끝난 후 그대로 싸서 버리면 되니 뒷정리도 간편하지요.

미리 준비하면 편한 나들이 준비물

1 가방

백팩, 크로스백 중에서 엄마에게 더 편한 가방을 선택해요. 백팩의 경우 옆면에 주머니가 있어서 휴대폰, 지갑 등 소지품을 넣고 꺼내기 쉬워야 해요.

2 물티슈와 휴지

물티슈는 아이의 연령에 관계없이 나들이 필수품이기 때문에 꼭 챙기세요.

3 기저귀와 여분 옷

평소 기저귀 교체 주기와 나들이 예상 시간을 계산해서 필요한 기저귀보다 1~2개 더 챙기세요. 기저귀를 떼는 초기에는 여분 옷을 챙겨서 외출해요.

4 마실 것

아이 물병을 꼭 준비하세요. 물병은 외출 전에 미리 뒤집거나 흔들어본 후 새지 않는지 꼭 확인해주세요. 외출 중에 물이 다 새어나와 곤란한 경우가 있어요. 아이가 분유수유를 한다면 분유와 젖병도 필수지요.

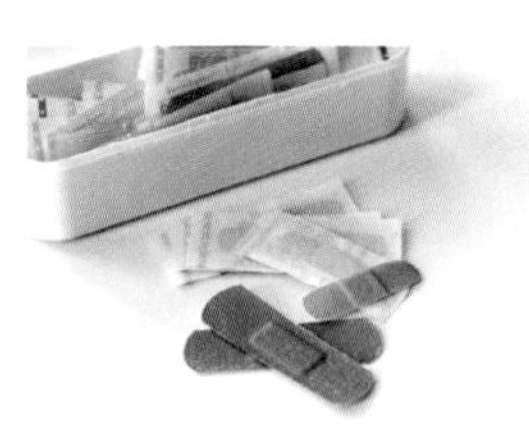

5 반창고와 상비약

비상 상황에 대비해 아이에게 맞는 해열제와 연고, 반창고 등의 상비약을 챙기세요. 나들이를 할 때 엄마 아빠가 당황하는 일이 줄어들어요.

6 아이가 좋아하는 작은 장난감 또는 간식

나들이 장소로 이동하거나 아이가 칭얼거릴 때 유용해요. 장난감은 부피가 크지 않고 잃어버려도 아이가 다시 찾거나 떼쓰지 않는 것으로 준비하세요. 간식은 상온에 오래 있어도 상하지 않고 아이 손에 많이 묻지 않는 것이 좋아요.

7 아기수첩 사진

36개월 이하의 경우 아기수첩, 등본, 영유아 검진 자료 등 아이의 개월 수를 확인할 수 있는 자료를 휴대폰 카메라로 찍어 저장해두면 할인 혜택의 증빙자료로 사용할 수 있어요.

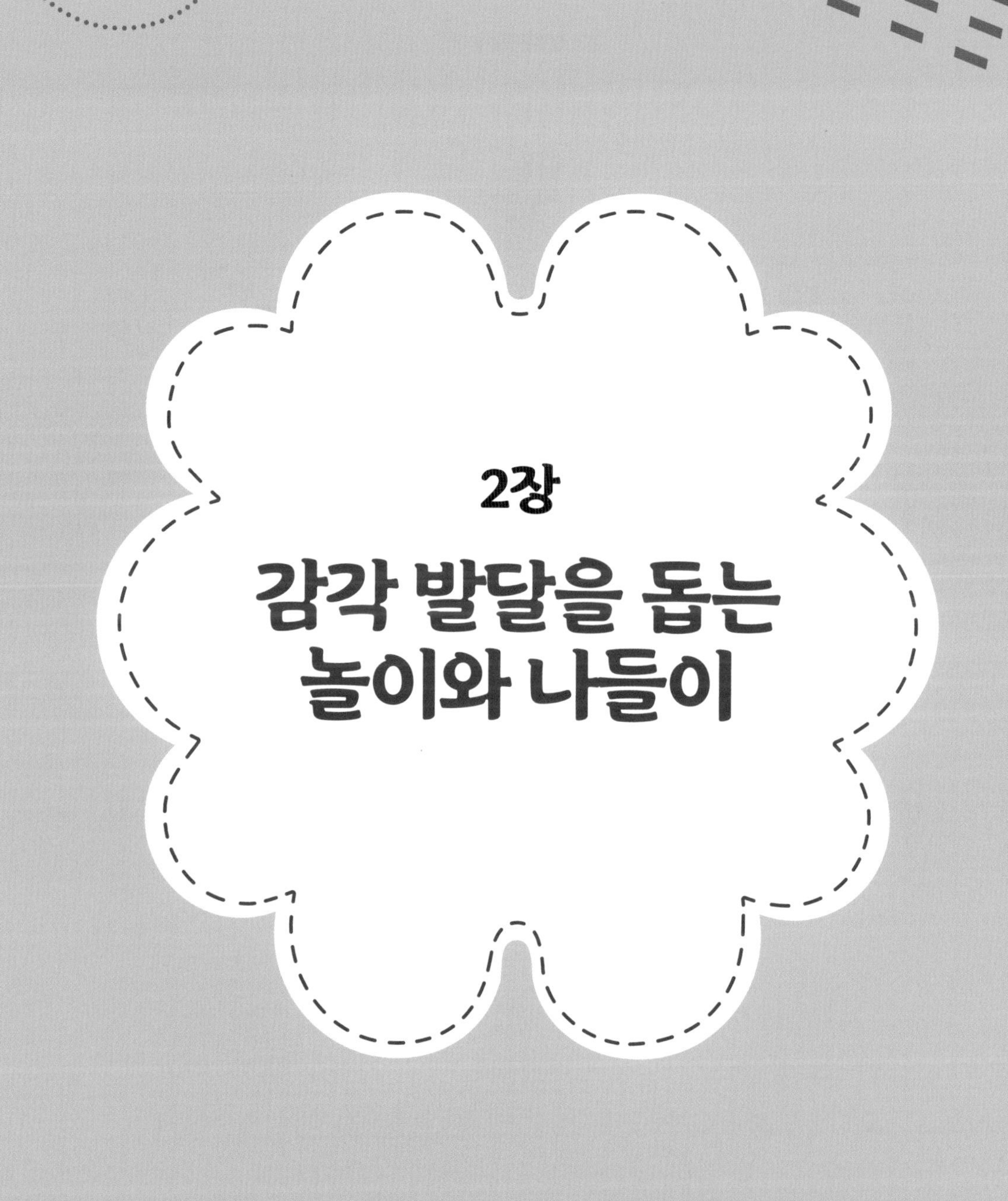

2장

감각 발달을 돕는 놀이와 나들이

똑똑한 '아인슈타인의 뇌' 두정엽을 자극해요

신체 각 부위에서 느낀 모든 감각 정보는 제일 먼저 두정엽에서 처리합니다. 두정엽에는 감각 정보가 제일 먼저 모이는 '일차 체감각 피질'이 있기 때문이에요. 체감각이란 촉감, 압력, 진동, 온도를 느끼는 피부 감각과 신체 부위를 정교하게 움직이는 운동 감각을 말합니다. 그러나 신체 부위의 크기가 크고, 면적이 넓다고 해서 체감각 피질을 많이 자극하는 것은 아니에요. 예를 들면, 손과 혀는 신체 부위 중 크기가 작지만 체감각 피질의 많은 부분을 차지하기 때문에 세밀한 자극에 반응하고, 섬세하게 움직일 수 있어요. 반면에 몸통은 손과 혀보다 넓지만, 대뇌피질에서 담당하는 부위는 좁기 때문에 촉각에 민감한 정도는 약하지요. 결과적으로 체감각 피질에서 많은 부분을 차지하는 것은 손과 혀입니다. 그러므로 손과 혀로 복잡하고 섬세한 활동을 할수록 체감각이 발달하게 되지요.

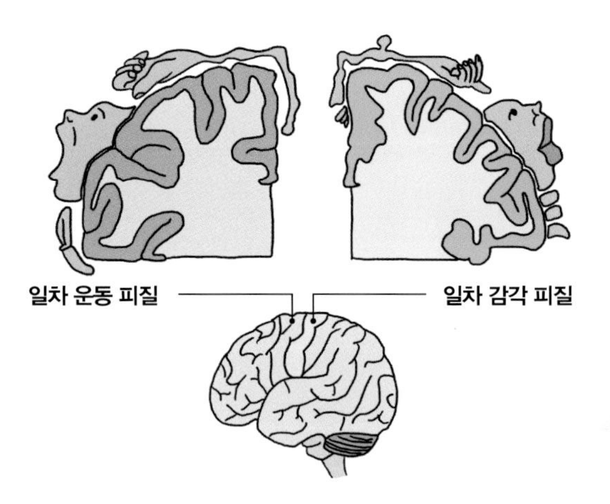

캐나다 신경외과 의사인 와일더 펜필드Wilder Penfield가 제시한 체감각 피질의 신체 지도. 뇌에서는 실제 면적이 넓은 몸통, 다리, 팔보다 섬세한 움직임이 요구되는 손, 입, 얼굴의 운동 피질이 넓게 차지하고(왼쪽), 섬세한 감각이 요구되는 입술, 손끝의 감각 피질이 더 넓은 것(오른쪽)을 표현하고 있어요.

두정엽의 체감각 피질은 영아기부터 발달을 시작해서 유아기와 아동기를 거쳐 더욱 빠르게 발달해요. 이 시기에 손을 정교하게 사용하는 활동을 하고, 다양한 감각을 느껴야 체감각 피질이 자극돼 뇌 발달에 도움이 돼요.

두정엽은 체감각 기능 이외에 사고 기능도 담당해요. 수학과 물리와 관련 있는 공간 사고 기능, 계산 및 연산 기능 등을 수행하지요. 뇌과학자들은 두정엽을 발달시키기 위해서 어릴 때부터 퍼즐 놀이, 블록 놀이, 숫자 및 글자 놀이와 같이 공간적 사고를 발달시키는 놀이가 필요하다고 말해요. 이번 장은 아이가 손을 통해 다양한 감각을 느낄 수 있는 놀이로 구성했어요. 차근차근 따라해볼까요?

먹어도 안심이야, 우유 점토

어린 아이는 새로운 물건을 입으로 가져가서 탐색하기 바쁘지요. 우유로 만든 점토는 밀가루 점토보다 안전해서 입에 넣어도 안심이에요. 촉감이 부드러워서 아이 힘으로 만지작만지작 가볍게 주무를 수 있어요.

준비물	특징	효과
우유, 식초(또는 레몬즙), 거즈 손수건(또는 면보), 체, 냄비, 우유(메론맛, 딸기맛 등)	만드는 방법이 리코타 치즈 만들기와 비슷하면서 간단해요. 흰 점토는 일반 우유로, 색깔 점토는 딸기맛이나 메론맛 우유로 만들었어요. 색깔만 생기는 것이 아니라 냄새도 진해져서 시각과 후각을 자극해요.	변용 경험을 통한 지능 발달, 눈과 손의 협응력 향상, 창의력과 집중력 향상, 정서 안정

1 냄비에 우유를 약 500㎖ 넣고 중간 불에서 5분간 끓여주세요.

2 표면에 얇은 막이 생기면 식초 3큰술을 넣고 3~4번 저어요. 약한 불로 줄인 후 5분간 더 끓여주세요.

3 체 위에 거즈 손수건을 놓고 우유를 걸러요. 유청을 분리하고 남은 덩어리 부분을 점토로 이용할 거예요.

4 실온에서 열기를 식힌 후 점토를 뭉쳐서 가지고 놀아요.

더 쉽고 재밌게 놀아요

• 칼슘 함량이 많은 우유는 점토로 잘 만들어지지 않아요. 저지방이나 고칼슘 우유가 아닌 일반 우유를 추천해요. 색깔 점토는 바나나맛으로 유명한 브랜드의 우유가 실패하지 않고 잘 만들어져요.

• 점토를 가지고 놀다가 부서지면 물을 조금 묻혀주세요. 점토가 다시 잘 붙어요.

• 점토로 모양을 만든 후 상온에서 굳혀 작품을 만들어봐요.

놀면서 똑똑해져요

촉각은 태아 때부터 가장 빠르고 광범위하게 발달하는 감각이에요. 점토로 아이의 피부를 다양하게 자극해보세요.

다른 연령이라면?

24개월 이상이라면 아이가 만든 점토 작품을 전시해 가족들에게 자랑할 수 있는 기회를 마련해주세요.

부드러워요, 휘핑크림 점토

시중의 점토나 찰흙은 고무 냄새가 나는 경우가 많아요. 그래서 입으로 탐색하는 시기의 아이에게 놀이 재료로 주기에는 걱정이 되기도 해요. 아이와 함께 휘핑크림과 전분 등 요리 재료를 사용해서 안전한 점토를 만들어보세요. 아이가 매우 좋아하는 놀이 재료가 될 거예요.

준비물	특징	효과
휘핑크림, 전분(감자 전분, 옥수수 전분 등)	휘핑크림 점토는 점토를 만드는 과정에서 아이의 참여도가 높아요. 점토를 만들다가 휘핑크림 맛을 본 아이는 맛있다며 탄성을 질렀답니다. 만드는 과정부터 놀이가 시작되는 셈이니 아이가 좋아해요.	호기심 발달, 변용 경험을 통한 지능 발달, 창의력 향상, 눈과 손의 협응력 향상, 정서 안정

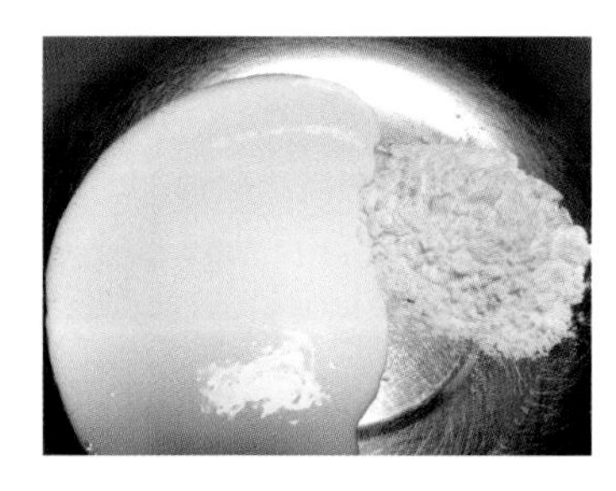

1 휘핑크림과 전분을 1:1의 비율로 준비해요.

2 아이에게 휘핑크림과 전분을 탐색할 시간을 주세요.

3 휘핑크림과 전분을 섞어 점토가 만들어질 때까지 반죽해요. 반죽이 끈적하면 전분을, 건조하면 휘핑크림을 더 넣어주세요.

4 흰 백설기 같은 점토가 완성되면 점토 놀이를 시작해요.

더 쉽고 재밌게 놀아요

• 물감 또는 식용색소를 살짝 첨가하면 알록달록한 점토를 만들 수 있어요. 12개월 이하의 아이는 입에 가져갈 위험이 있으니 식용색소를 사용하세요.

• 아이가 목욕하기 전에 놀이를 하면 뒷정리가 수월해요.

놀면서 똑똑해져요

촉각은 우리 몸에서 가장 폭넓게 분포한 감각이에요. 손은 물론, 발이나 신체 부위로 점토를 만지며 다양하게 탐색해봐요.

라이스 페이퍼의 변신!

어린 아이 피부에 닿아도, 입에 조금 넣어도 위험하지 않은 라이스페이퍼로 오감 놀이를 해보세요. 딱딱한 라이스페이퍼가 따뜻한 물과 만나 부드럽게 변하는 과정을 경험할 수 있어요. 아이가 따뜻한 욕조 안에서 가지고 놀게 하면 좋아요.

준비물	특징	효과
라이스페이퍼, 그릇(또는 볼), 따뜻한 물	아이가 "딱딱해", "부드러워", "미끌미끌해"와 같은 표현을 배울 수 있어요. 두 돌 무렵의 아이는 "물에 풍덩!", "목욕해!", "다 같이 꺼내자!"와 같이 말하며 자신이 표현할 수 있는 언어로 놀이를 즐겼어요.	소근육 발달, 호기심 발달, 눈과 손의 협응력 향상, 창의력과 집중력 향상

1 딱딱한 라이스페이퍼를 만져봐요. 한 면은 보들보들, 다른 면은 까칠까칠해요.

2 따뜻한 물을 그릇에 담고 라이스페이퍼를 한 장씩 넣어요. 따뜻한 물 속에서 서서히 부드러워지는 것을 느낄 수 있어요.

3 라이스페이퍼를 찢어보고, 손목에도 올려서 촉감을 느껴봐요. 조금 떼서 먹어봐도 돼요.

4 물에서 다시 꺼내 라이스페이퍼가 마르면 굳는 촉감을 느껴봐요. 물에 넣었다 뺐다 반복하며 놀아요.

더 쉽고 재밌게 놀아요

놀이 도중 따뜻한 물이 식을 수 있으니 전기포트를 엄마 옆에 두고 그릇에 따뜻한 물을 조금씩 넣어주세요.

놀면서 똑똑해져요

고정관념이나 틀에 박힌 생각에서 벗어나 창의적인 아이가 되려면 자유롭게 탐색하며 놀 수 있는 환경이 필요해요. 아이가 집에 있는 소꿉놀이 장난감이나 주방용품을 이용해서 창의적으로 놀 수 있게 해주세요.

다른 연령이라면?

• 30개월 이상이라면 라이스페이퍼가 따뜻한 물에서 변하는 과정에 초점을 맞춰 놀아요. 놀이 후 라이스페이퍼의 변신을 이용해 월남쌈을 만들어서 먹어보세요.

• 36개월 이상이라면 크레용이나 색연필을 이용해서 라이스페이퍼에 그림을 그리며 놀아요.

가벼운 솜 무거운 솜

상처 소독용 솜뭉치인 코튼볼을 가지고 놀아볼까요? 깃털처럼 가벼웠던 코튼볼이 물을 먹으면 무거워진다는 것을 경험할 수 있어요. 물놀이를 좋아하는 아이에게 추천해요. 물을 좋아하지 않는 아이라면 다른 장난감과 함께 소꿉놀이 재료로 활용해보세요.

준비물	특징	효과
코튼볼, 모양 그릇(또는 볼), 대야, 물	코튼볼은 인체에 무해해요. 가볍고 부드러워서 오감 놀이나 소꿉놀이 재료, 던지고 받는 신체 활동 놀이 재료로 사용하기 좋아요.	소근육 발달, 질량 감각 발달, 집중력과 창의력 향상, 스토리텔링 능력 향상

1 코튼볼을 손과 발로 만져보며 탐색해요. 코튼볼을 손으로 들어서 가벼운 정도를 느껴봐요.

2 모양 그릇에 담으며 자유롭게 놀아요.

3 대야에 물을 담고 코튼볼을 퐁당 빠뜨려 보세요. 물을 먹은 코튼볼을 손으로 들어서 무거운 정도를 느껴봐요.

4 코튼볼을 찢으며 자유롭게 놀아요.

더 쉽고 재밌게 놀아요

코튼볼은 온라인으로 한 번에 대량 구매해두면 오랫동안 가지고 놀 수 있어요.

다른 연령이라면?

- 30개월 이상이라면 붓에 물감을 묻혀 코튼볼을 색칠해보세요. 색깔 코튼볼을 풀칠해서 종이에 붙여 그림을 완성하거나 만들기 놀이를 할 때 재료로 활용해요.
- 36개월 이상이라면 〈당나귀와 소금 장수〉 이야기를 들려준 후 놀이를 해보세요.

젤라틴 속 동물 친구들 구하기

요리 재료인 젤라틴을 사용한 놀이예요. 냉장실에서 막 꺼낸 젤라틴은 차갑고 말캉말캉해서 촉감 놀이 재료로 사용하기 좋아요. 아이가 호기심으로 입에 넣어도 안심이지요. 젤라틴을 구매해서 맛있는 과일 젤리와 푸딩으로 만들고 혹은 재밌는 놀이 재료로도 사용해보세요.

준비물	특징	효과
판 젤라틴, 작은 장난감, 그릇, 종이컵	아이가 젤라틴 특유의 촉감을 자유롭게 느낄 수 있도록 해주세요. 아이 성향에 따라 장난감을 넣기 싫어할 수 있어요. 그럴 때는 젤라틴에 장난감을 넣지 말고 굳히기만 한 후, 소꿉놀이 재료로 사용해도 좋아요.	소근육과 호기심 발달, 눈과 손의 협응력 향상, 집중력과 창의력 향상, 성취감 증가

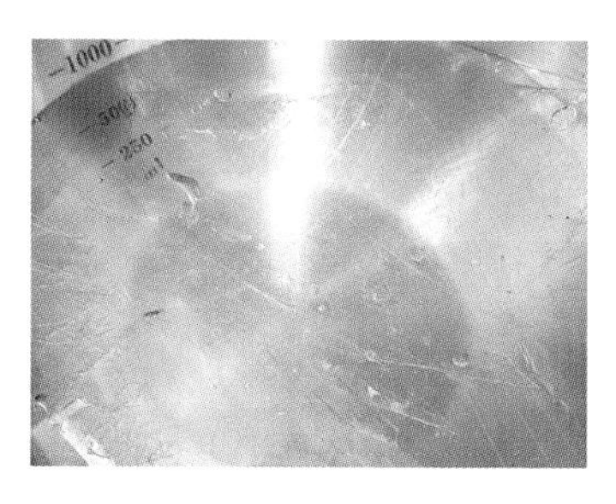

1 판 젤라틴 10장을 약 5분간 물에 담가서 불려주세요.

2 젤라틴을 담가두었던 물을 전자레인지로 데워 전부 녹여주세요.

3 종이컵에 장난감을 넣고 녹은 젤라틴을 부어주세요. 냉장고에 넣어 1시간 이상 굳혀요.

4 젤라틴에 갇힌 장난감을 손이나 장난감 칼, 망치 등을 사용해서 꺼내보세요.

더 쉽고 재밌게 놀아요

• 가루 젤라틴, 판 젤라틴 모두 놀이에 사용 가능해요.

• 냉장고에 넣어 굳힌 젤라틴과 장난감을 꺼낼 때는 가위로 종이컵 윗부분을 조금 자른 후 종이컵을 찢으면 꺼내기 쉬워요.

놀면서 똑똑해져요

처음 본 물건과 새로운 장난감은 아이의 호기심을 자극합니다. 그러나 매일 새로운 물건을 구입할 수 없지요. 젤라틴 놀이는 집에 있는 장난감이 아이에게 새롭게 느껴질 수 있는 기회가 됩니다.

다른 연령이라면?

• 30개월 이상이라면 종이컵에 장난감을 넣고 젤라틴을 부을 때 함께 해요. 딱딱한 판 젤라틴이 녹아서 물처럼 변했다가 다시 탱글탱글한 젤리로 변하는 과정을 경험하게 해주세요.

아빠 얼굴, 내 얼굴!

견과류는 영양만점 식품이지만 식감, 향, 형태, 색깔이 먹음직스러워 보이지 않아서 일까요? 아이가 좋아하지 않는 경우가 많아요. 아이가 견과류와 친해질 수 있도록 미술 놀이에 사용해 보세요. 놀이 중에 견과류를 먹으면 견과류 맛에도 익숙해질 거예요.

준비물	특징	효과
견과류, 목공풀, 스케치북, 색연필	아이가 놀이를 한 후에 견과류에 대한 거부감이 많이 줄었어요. 아이 스스로 땅콩을 아작아작 씹어 먹는 모습을 볼 수 있게 됐지요.	소근육 발달, 집중력과 관찰력 향상, 창의력과 응용력 향상

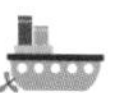

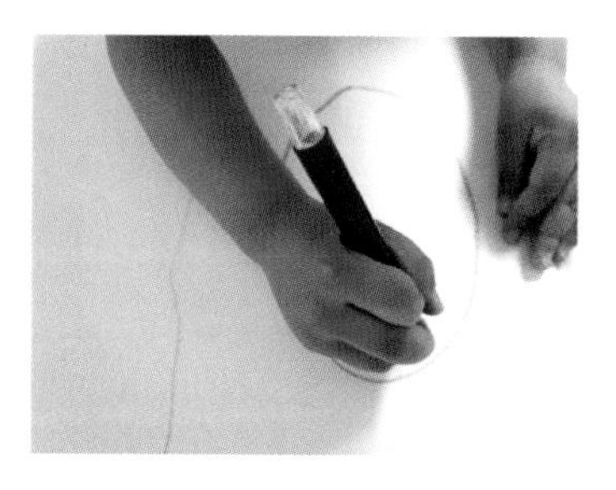

1 스케치북에 밑그림을 그려주세요.

2 밑그림 위에 다양한 견과류를 자유롭게 놓아봐요.

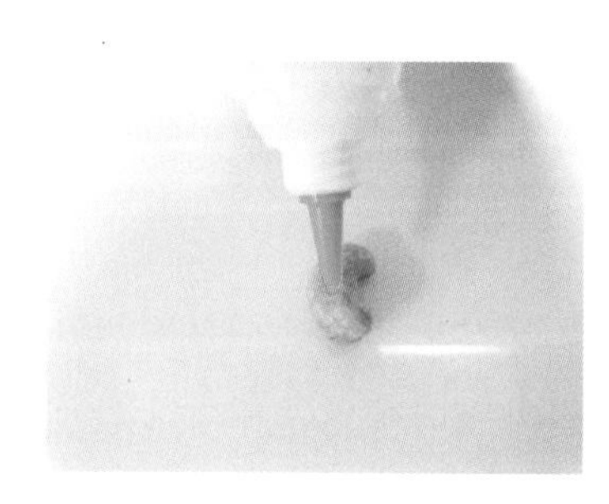

3 견과류를 목공풀로 붙여주세요.

4 그림에 대해 아이와 이야기를 나눠요.

더 쉽고 재밌게 놀아요

밑그림으로 풍경을 그린 후 견과류로 꽃이나 곤충을 꾸며보는 것도 좋아요.

다른 연령이라면?

- 30개월 이상이라면 아이가 밑그림을 혼자 그릴 수 있도록 도와주세요.
- 견과류로 나비 모양을 붙인 후 더듬이를 그려보고, 꽃모양을 표현한 후 잎을 그려보기도 해요.

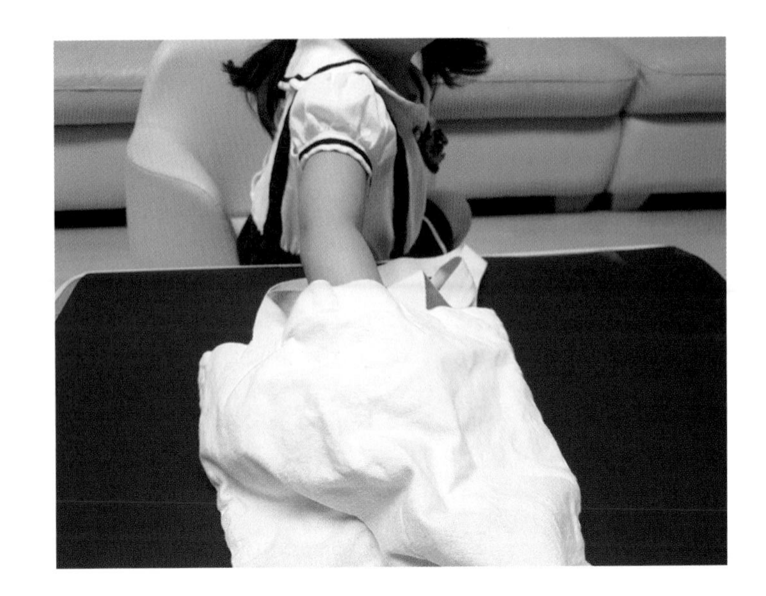

보들보들 거칠거칠, 무엇이 들었을까?

아이 손의 움직임이 정교해지고 사물에 대한 인식이 향상될 무렵, 손으로 다양한 감각을 느껴 볼 수 있는 놀이예요. 아이에게 익숙한 장난감이나 생활용품을 속이 보이지 않는 주머니 안에 넣고 무엇이 들었는지 맞춰보기 놀이를 해보세요. 아이가 손끝 감각에 집중하게 된답니다.

준비물	특징	효과
장난감(또는 생활용품), 주머니(또는 상자)	피부는 뇌와 다양한 신경 회로로 연결돼 있어 뇌 발달에 중요한 역할을 합니다. 특히 손으로 느끼는 촉감은 두정엽에서 가장 많은 부분을 차지하는 감각으로, 놀이를 통해 효과적으로 발달시킬 수 있어요.	소근육 발달, 호기심 발달, 눈과 손의 협응력 향상, 창의력과 집중력 향상

1 준비한 장난감을 아이에게 보여주고 만져보게 해주세요.

2 장난감 중 하나를 골라 주머니 속에 넣어주세요.

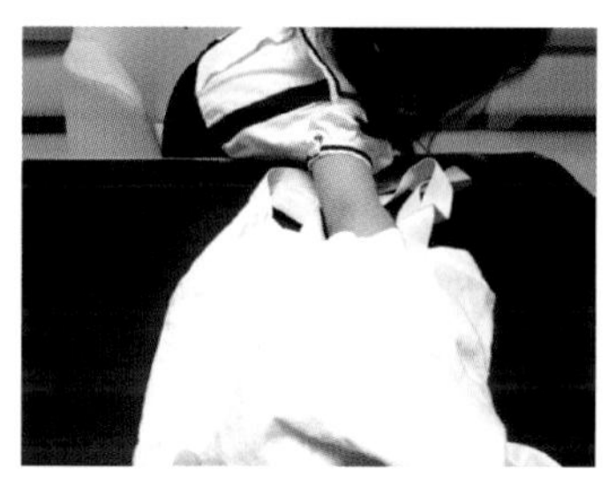

3 아이가 손을 주머니에 넣어 장난감을 만져보게 해주세요. "느낌이 어때?"라고 촉감에 대해 물어봐요.

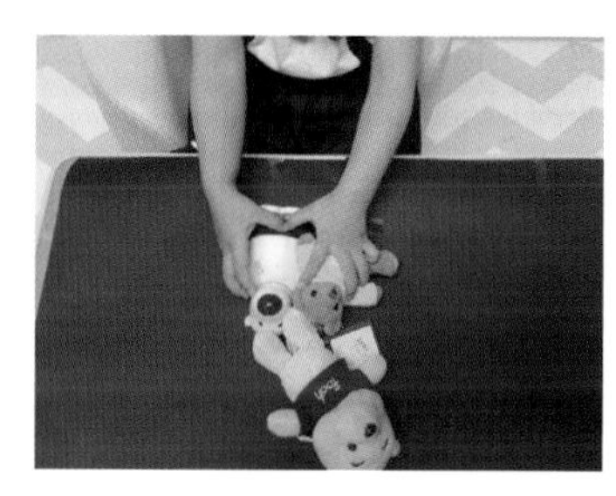

4 어떤 물건인지 맞혀보도록 이야기 해주세요.

더 쉽고 재밌게 놀아요

• 초반에는 인형, 장난감 자동차와 같이 촉감 차이가 확실한 2~3개의 물건으로 시작하세요. 아이가 익숙해지면 토끼 인형, 곰 인형과 같이 촉감이 비슷한 물건에 도전해요.

• 겁이 많은 아이는 안에 들어 있는 물건이 무엇인지 모를 때 함부로 손을 넣지 않아요. 그럴 때는 안에 넣을 물건이 무엇인지 미리 보여주세요.

놀면서 똑똑해져요

• 놀이에 익숙해지면 3가지 물건을 한 번에 넣고 "토끼 인형을 꺼내보자"라고 특정 물건을 지시해 주세요. 아이가 촉감에 더욱 집중하게 될 거예요.

• 단순히 "이것은 무엇일까?"라고 묻는 것보다 느껴지는 촉감에 대해 함께 이야기를 나눠요. 보들보들한지, 딱딱한지 이야기하다 보면 언어 능력도 발달할 수 있어요.

다른 연령이라면?

24개월 이상의 수 개념을 익힌 아이라면 주머니 속에 숫자 모양 물체를 넣어주세요. 일반 사물을 구별하는 것보다 손끝이 더 예민해야 가능한 놀이라서 아이에게는 매우 도전적인 과제이고, 이에 따른 성취감도 크답니다.

영유아표 액체괴물

물처럼 주르륵 흘러내리기도 하고, 단단하게 변하기도 하는 신기한 놀이예요. 전분은 물에 섞으면 묽고 되직한 정도가 쉽게 변하는 특징이 있어요. 아이가 노는 도중에 얼굴과 옷에 쉽게 묻으니 목욕 전에 하는 놀이로 좋아요.

준비물

전분(감자 전분, 옥수수 전분 등), 물감(또는 식용 색소), 물, 볼

특징

두 돌 무렵의 아이는 감자 전분을 보자마자 '눈'이라고 말했어요. 〈펄펄 눈이 옵니다〉 노래를 부르며 가루를 만지고 놀았답니다. 준비 시간이 짧고 방법이 간단하지만 아이가 노는 시간은 길어서 좋은 놀이예요.

효과

변용 경험을 통한 지능 발달, 호기심 발달, 눈과 손의 협응력 향상, 집중력과 창의력 향상

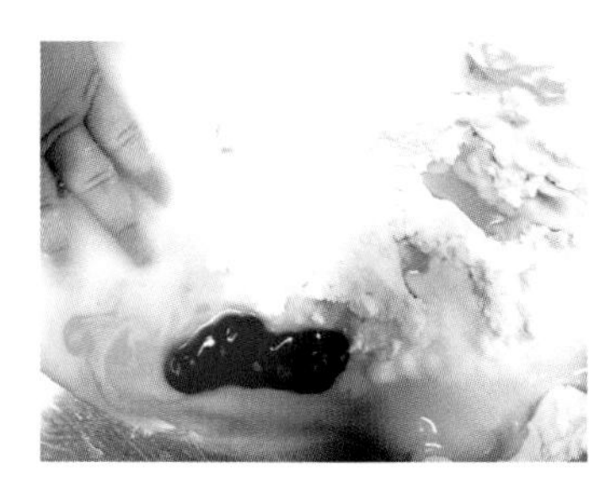

1 전분 1컵, 물 1/2컵, 물감을 조금 넣어서 섞어주세요.

2 아이가 놀기에 농도가 단단하면 물을 더 넣고, 농도가 묽으면 전분을 더 넣어주세요.

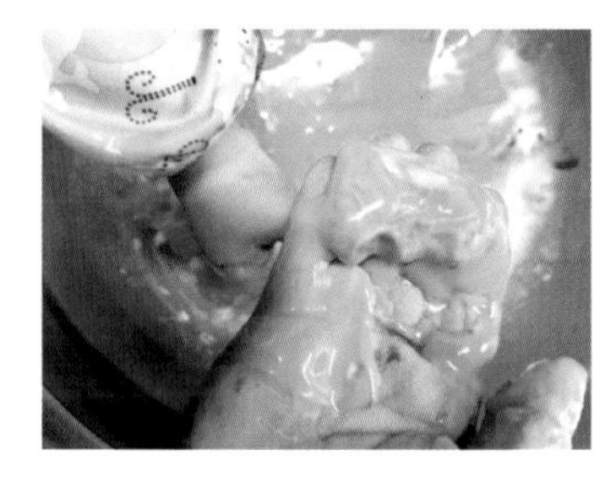

3 주먹을 쥐고 힘을 주면 단단해졌다가 손을 펴서 떨어뜨리면 흘러내리는 독특한 질감을 느껴요.

4 자유롭게 놀아요.

더 쉽고 재밌게 놀아요

• 바닥에 김장 매트나 비닐을 깔고 시작하거나 욕실에서 노는 것이 좋아요.

• 진하고 어두운 색보다는 연한 색으로 만들면 뒷정리가 조금이나마 편해요.

• 입에 넣어 탐색하는 시기의 아이일 경우 전분만 사용하거나 식용색소를 넣으세요.

다른 연령이라면?

30개월 이상이라면 아이가 액체 괴물의 색깔을 결정하고 만드는 과정에 참여하게 해주세요.

쉐이빙 폼으로 놀아요

아빠가 사용하는 쉐이빙 폼을 놀이에 활용하는 건 어떨까요? 쉐이빙 폼을 쭉 짜면 바로 놀 수 있으니 준비 시간은 1분이 채 걸리지 않아요. 평소에 아빠를 좋아하고, 아빠를 흉내 내려고 하는 아이라면 더욱 즐거워할 거예요.

준비물	특징	효과
쉐이빙 폼, 비닐, 장난감	아이와 함께 쉐이빙 폼으로 가짜 아이스크림을 만들며 시간 가는 줄 모르고 놀았어요. 아이스크림 먹는 시늉을 할 때 아이 입에 쉐이빙 폼이 묻지 않도록 주의가 필요해요.	소근육과 호기심 발달, 창의력 향상, 스트레스 해소, 정서 안정

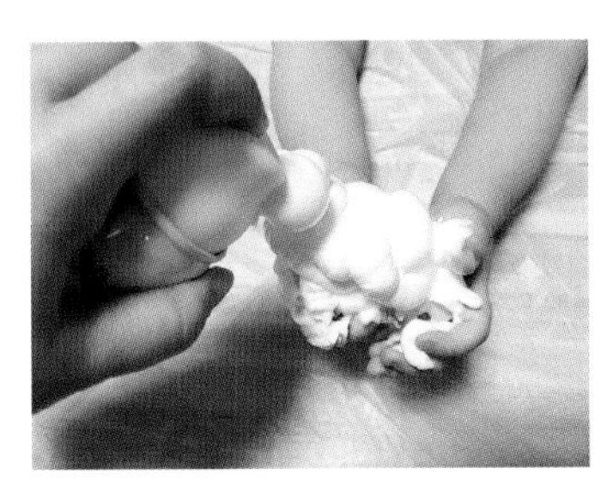

1 책상이나 바닥에 비닐을 깐 후 아이 손에 쉐이빙 폼을 짜주세요.

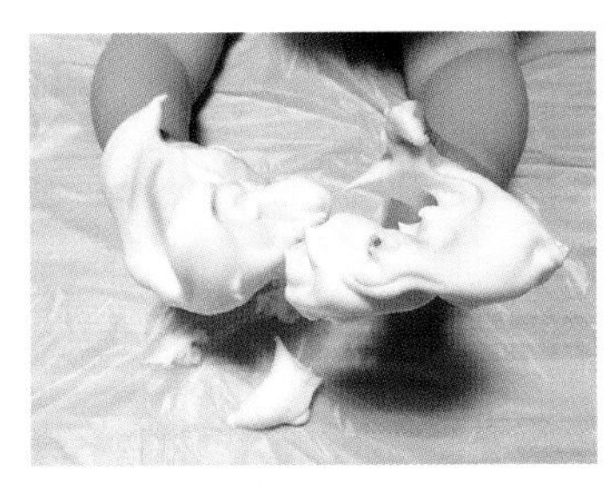

2 아이가 쉐이빙 폼을 자유롭게 탐색하게 해주세요.

3 요리하는 것처럼 아이스크림을 만들어봐요.

4 장난감 자동차를 세차하는 것처럼 다른 물건에 쉐이빙 폼을 바르며 자유롭게 놀아요.

더 쉽고 재밌게 놀아요

• 비닐을 깔고 놀면 뒷정리가 편해서 좋아요.

• 욕조 안에서 놀고 바로 씻어도 됩니다.

놀면서 똑똑해져요

신체 접촉은 아이 뇌를 자극해 인지 발달, 정서 안정, 면역력 증가 효과가 있어요. 쉐이빙 폼을 아이 몸에 톡톡, 엄마 아빠의 몸에 톡톡, 서로 묻히며 놀아보세요.

로션 그림 그리기

로션은 몸에 그림을 그리면서 놀기에 적합한 재료예요. 엄마 아빠가 아이의 팔다리에 로션을 발라주고, 아이가 엄마 아빠 등에 로션을 발라주며 놀아봐요. 혹은 면봉이나 손가락에 묻혀 그림을 그려보세요. 서로 원하는 그림을 그린 후 상대방이 무슨 그림을 그렸는지 알아맞히기 놀이도 해봐요.

준비물	특징	효과
로션, 면봉, 비닐, 장난감	로션을 손에 묻히거나 면봉으로 찍어서 로션 그림 놀이를 해요. 미끌미끌해서 아이의 촉각을 자극할 수 있어요.	눈과 손의 협응력 향상, 창의력과 스토리텔링 능력 향상, 스트레스 해소, 정서 안정

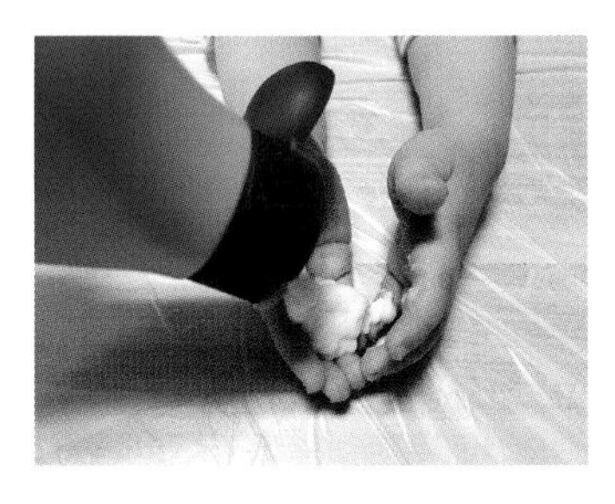

1 책상이나 바닥에 비닐을 깐 후 아이 손에 로션을 쭉 짜주세요.

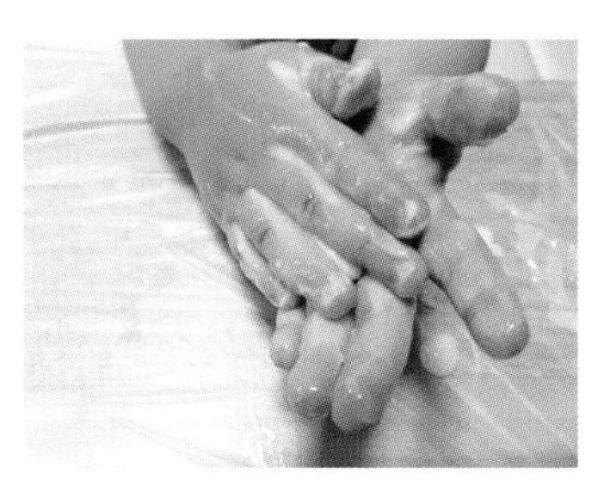

2 아이가 로션을 자유롭게 탐색하게 해주세요.

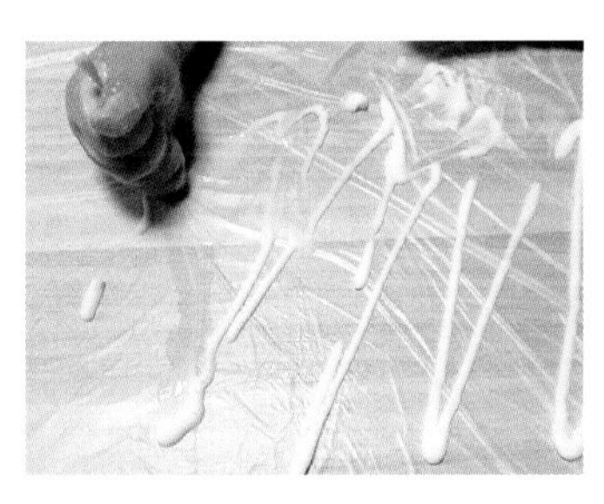

3 비닐 위에 면봉이나 손가락으로 그림을 그려요. 손바닥으로 쓱 문질러서 그림을 지우고 다시 새 그림을 그려봐요.

4 손을 바로 씻지 말고 장난감에 로션을 바르며 자유롭게 놀아요.

놀면서 똑똑해져요

신체 접촉은 스트레스 유발 호르몬인 코르티솔의 분비를 감소시켜요. 동시에 안정감과 행복감을 느끼게 하고, 면역력을 길러줍니다. 로션 놀이로 아이와 신체 접촉 시간을 늘려보세요.

다른 연령이라면?

36개월 이상이라면 아이가 알고 있는 이야기를 그림으로 표현하도록 지도해주세요. 그림을 보고 이야기를 만들다 보면 스토리텔링 능력을 키울 수 있어요.

주룩주룩 비가 내려요

아이가 어느 정도 도구를 사용할 수 있게 되면 물감으로 더 다양한 놀이를 할 수 있어요. 빨대로 물감을 후 불며 물감 불기 놀이를 해봐요. 평소에 사용하지 않던 감각과 근육을 사용해 아이의 뇌를 자극할 수 있어요. 스케치북에 나타날 그림에 대해 이야기를 나누며 상상력도 자극해보세요.

준비물	특징	효과
스케치북, 물감, 물, 빨대, 컵, 색연필, 사인펜	물감을 새로운 방법으로 사용해 아이의 흥미를 이끌 수 있어요. '불기'는 평소 잘 쓰지 않는 근육을 사용하는 활동으로 뇌의 다양한 영역을 자극한답니다.	집중력과 성취감 향상, 호기심 발달, 스트레스 해소, 정서 안정

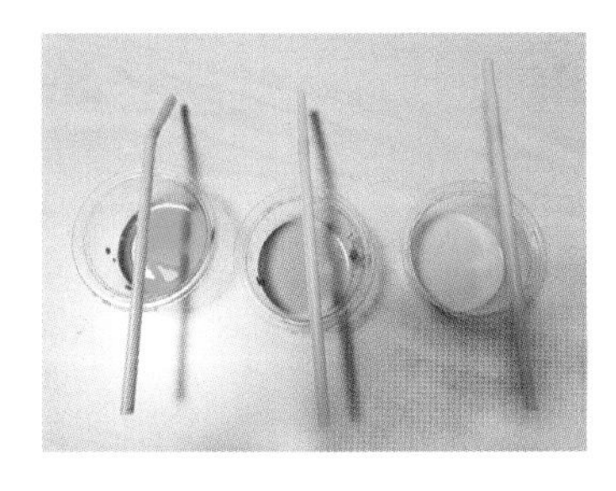

1 투명한 컵에 물감과 물을 넣고 섞어주세요.

2 스케치북에 물감을 톡톡 떨어뜨려 주세요.

3 빨대로 스케치북 위에 떨어진 물감을 후후 불어요.

4 빨대로 불어서 번진 물감이 무슨 모양인지 상상하며 그 주변에 색연필이나 사인펜으로 그림을 덧그려 보세요.

더 쉽고 재밌게 놀아요

• 물감이 잘 불리지 않는다면 빨대 굵기를 조절해주세요. 너무 굵은 것은 아이의 힘으로 물감을 불기 어려워요.

• 묽은 물감을 충분히 떨어뜨려야 쉽게 불 수 있어요.

• 아이가 빨대로 물감 부는 자리를 바꿔가며 불거나 스케치북 방향을 바꿔가며 다양하게 불어보세요.

놀면서 똑똑해져요

• 정해진 규칙 없이 아이가 자유롭게 물감 불기 놀이를 할 수 있도록 유도해주세요.

• 완성된 그림을 보고 무엇을 닮았는지 상상하고 말로 표현해봐요. 대화를 통해 창의력과 언어 표현력을 기를 수 있어요.

알록달록 쌀 놀이

모래 놀이를 좋아하는 아이라면 즐거워할 거예요. 알록달록 예쁜 색의 쌀을 만드는 과정에 참여해보세요. 예쁘게 물든 쌀을 종류별로 만든 후 창의적인 놀이를 해봐요.

준비물	특징	효과
쌀, 물감, 키친볼, 위생장갑, 종이	쌀의 양은 만들고 싶은 만큼 사용하세요. 책에서는 한 색깔 당 쌀 1컵씩 사용했어요. 완성된 쌀로 모래 놀이를 하거나 페트병에 넣어서 인테리어 장식을 만들 수 있어요.	눈과 손의 협응력 발달, 호기심 발달, 집중력 향상, 스트레스 해소, 정서 안정

1 키친볼에 쌀 1컵과 물감을 조금 넣어요.

2 손으로 잘 섞어주세요.

3 종이 위에 펼쳐서 말려주세요.

4 다 마르면 모래 놀이를 하거나 투명한 컵에 층층이 쌓으며 자유롭게 놀아요.

더 쉽고 재밌게 놀아요

쌀에 물감을 섞은 후 잘 말려주면 여러 번 사용할 수 있어요.

놀면서 똑똑해져요

• 다양한 놀이에 활용할 수 있는 장난감일수록 좋은 장난감이라고 할 수 있어요. 이러한 측면에서 알록달록한 쌀은 어른이 생각하지 못한 놀이 재료로 변신이 가능해요. 더불어 아이의 발달 능력을 키우기에 용이하지요.

• 새로운 재료일수록 아이가 놀이를 통해 즐겁게 탐색할 수 있는 시간을 충분히 제공해주세요.

다른 연령이라면?

36개월 이상이라면 쌀과 물감을 컵에 넣은 후 숟가락이나 젓가락으로 잘 섞어 색깔 쌀을 만들어보세요.

기저귀가 포슬포슬 해졌어요!

아이가 크면 기저귀와 이별해야 하는 시간이 오지요. 배변훈련을 하며 입는 기저귀에서 노는 기저귀로 기저귀를 변신시켜 보세요. 아이가 기저귀를 더 이상 아기처럼 입는 것이 아닌, 놀이하는 용도로 생각하게 되면 배변훈련이 더 수월해질 거예요.

준비물	특징	효과
기저귀, 가위, 작은 통, 숟가락, 물감, 물	일명 '기저귀 눈' 놀이라고 불러요. 기저귀 하나만 사용해도 꽤 많은 양의 포슬포슬 가짜 눈이 만들어집니다.	소근육 발달, 호기심 향상, 창의력과 상상력 향상, 정서 안정

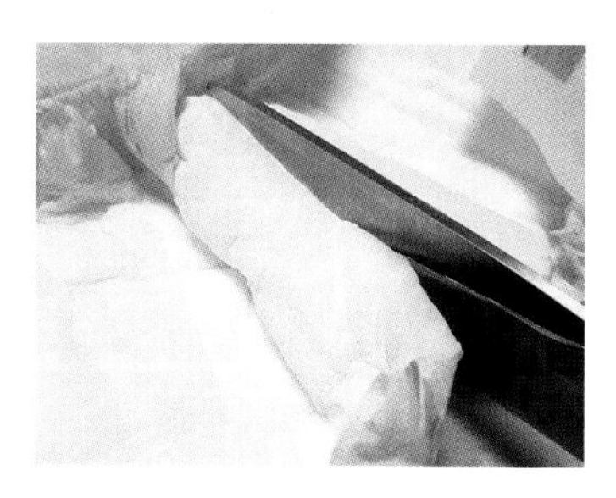

1 기저귀를 반으로 잘라주세요.

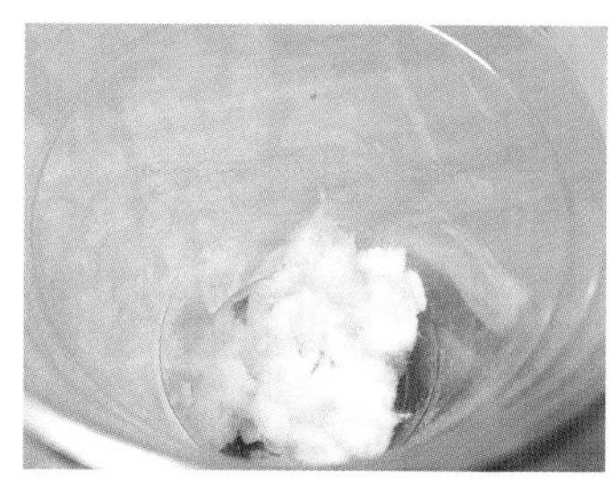

2 작은 통에 기저귀 솜과 가루를 손으로 뚝뚝 뜯어 넣어요.

3 물을 조금씩 넣고 숟가락으로 섞으며 기저귀 솜이 어떻게 변하는지 관찰해요.

4 물감을 조금 넣어서 섞어주세요. 색이 입혀지면 손으로 만지며 자유롭게 놀아요.

더 쉽고 재밌게 놀아요

• 물은 기저귀가 포슬포슬한 상태가 될 때까지 양을 조절해가며 조금씩 넣어요.

• 제법 많은 양이 만들어지기 때문에 한 번에 기저귀 1~2개로 충분히 재밌게 놀 수 있어요.

다른 연령이라면?

36개월 이상이라면 물감을 섞은 포슬포슬 기저귀 눈을 지퍼백이나 작은 페트병에 담고 입구를 꼭 닫아주세요. 지퍼백이나 페트병에 그림을 그리면 기저귀 눈이 멋진 배경이 됩니다.

오감 놀이
나들이 장소

일명 '소꿉놀이' 또는 '흉내 내기 놀이'라고 부르는 아이들의 놀이가 있어요. 예를 들어, 아이가 요리사가 되어 요리하는 흉내를 내거나, 엄마 아빠가 되어 평소 엄마 아빠의 말과 행동을 따라하는 놀이를 말해요. 이러한 놀이는 인지 발달, 언어 발달, 상상력 향상에 이르기까지 아이의 뇌 발달에 중요한 역할을 합니다. 영유아가 흉내 내기 놀이 및 오감 놀이를 하기에 적합한 나들이 장소를 찾아보는 것은 어떨까요?

물론 첫 출산 후 아기와 함께 집 밖으로 나들이를 나가는 것은 초보 엄마에게 많은 용기가 필요한 일이에요. 이럴 때 방문하기 좋은 곳이 바로 국가에서 운영하는 육아종합지원센터랍니다. 아이가 조금씩 커갈수록 아이의 에너지는 점점 더 업그레이드 되지요. 이럴 때는 백화점이나 쇼핑몰에 있는 문화센터 수업에 참여하거나 키즈 카페를 방문하면 좋아요.

육아종합지원센터

육아를 돕는 여러 가지 서비스를 제공하는 곳이에요. 자유 놀이실과 장난감 도서관을 이용할 수 있고, 놀이 프로그램에 참여할 수 있어요. 육아지원센터마다 운영 방식이 조금씩 달라서 거주 지역의 육아종합지원센터 홈페이지를 방문하거나 전화 문의를 통해 이용 방법을 알아보세요.

문화센터

집 안이 답답해서 바람을 쐬고 싶을 때, 혹은 기분 전환을 하고 싶을 때 엄마의 욕구를 충족시키기 가장 쉬운 장소가 바로 백화점과 대형 마트지요. 이곳에서 운영하는 문화센터 수업을 듣는 것도 좋아요. 문화센터 프로그램을 선택할 때는 아이의 개월 수, 성향, 낮잠 시간을 고려하세요.

체험형 키즈 카페

일반 키즈 카페가 아닌 체험형 키즈 카페는 요리, 그리기, 체험 놀이 프로그램을 운영해요. 일반적으로 24개월 또는 36개월 이상인 아이를 대상으로 하는 곳이 많아요. 지점에 따라 더 어린 아이를 대상으로 하는 베이비 프로그램, 엄마와 함께 하는 위드맘 프로그램을 운영하는 곳도 있어요.

체험 위주의 실내 동물원

아이가 실제로 경험한 것은 아이의 뇌 발달에 큰 도움이 되지요. 동물을 눈으로 보고, 냄새를 맡아보고, 소리를 들어보고, 손으로 만지는 동안 아이의 다양한 감각이 발달하게 됩니다. 주변에 실내 동물원이 있다면 아이가 그림책에서 본 동물을 실제로 만날 수 있는 시간을 마련해보세요.

동물원에는 아이가 동물에게 친밀감을 느낄 수 있는 다양한 체험 프로그램이 마련돼 있어요. 동물 먹이 주기, 동물쇼, 투어를 통해 아이가 가까이에서 동물을 만날 수 있지요. 아이는 동물을 만질 때 힘을 적절하게 조절하지 못하기 때문에 어느 정도 강도로 동물을 쓰다듬어줘야 하는지 충분히 설명해줘야 해요. 그리고 동물에게 위협적인 행동을 하지 않도록 주의가 필요해요.

대부분의 동물원에는 아이가 손을 씻을 수 있도록 세면대와 소독기가 마련돼 있어요. 아이와 동물의 건강을 위해 동물원 입장과 퇴장 시에 손을 깨끗하게 씻겨주세요.

애니멀 뮤지엄 더쥬

2층 관람형 전시관과 3층 체험형 전시관으로 꾸며진 실내 동물원이에요. 평소에 보기 어려운 다양한 동물을 만날 수 있어요. 또한 다양한 체험 프로그램을 운영하고 있어 아이의 오감을 자극하는 관람이 가능해요.

고양 주렁주렁

동물 테마파크로 아기자기하게 꾸며진 곳이에요. 숲속에 온듯한 실감나는 인테리어가 인상적이랍니다. 섹션마다 체험을 진행하는 사육사가 대기하고 있어서 더 다양한 체험이 가능하고, 동물을 가까이에서 만날 수 있다는 장점이 있어요.

하남 주렁주렁

하남 스타필드 앞에 위치해 있어요. 고양시 일산점과 마찬가지로 쇼핑과 식사가 가능해서 아이와 함께 하루를 보내기 좋은 곳이에요. 체계적으로 가꾸어진 테마에서 다양한 동물들과 교감할 수 있고, 어른들은 동심의 세계로 돌아갈 수 있는 곳이랍니다.

부천 나눔농장

비닐하우스로 만든 아담한 나눔농장이에요. 농장에 들어서면 어린 아이 시선에 맞춘 낮은 울타리가 눈에 띄어요. 입구에서 건초, 사료, 채소가 들어 있는 먹이통을 받아서 동물 먹이 주기 체험을 할 수 있어요.

부천 하이주

신발을 벗고 입장하는 이색적인 실내 동물원이에요. 갓 돌이 지났거나 두 돌 이하인 아이가 바닥에 앉아서 동물과 교감하기 좋답니다. 할인 제도가 다양한 편이라서 저렴한 금액으로 방문할 수 있어요.

양주 애니멀 카페

규모가 아담해서 아이가 동물들을 편하게 만날 수 있었던 곳이에요. 돌이 지나고 매일매일 현관에 앉아 신발 신는 시늉을 하며 나가자고 하는 아이를 데리고 부담없이 나가기 좋답니다. 다양한 동물을 시간에 쫓겨 급하게 보는 것보다 적은 수의 동물을 깊이 만나고 싶다면 방문해볼 만해요.

과천 렛츠런파크

비가 오는 날에도 방문하기 괜찮은 경마장이에요. 홈페이지에서 미리 시크릿웨어 투어를 예약하면 해설자와 투어버스를 타고 마사지역을 약 1시간 동안 탐방할 수 있어요. 말에게 먹이 주기 체험을 포함해 말이 살고 있는 곳을 방문하는 특별한 투어랍니다.

하남 요정출몰지역

토끼를 좋아하는 아이와 함께 방문해볼 만한 토끼 카페예요. 토끼가 카페 안을 자유롭게 돌아다녀서 아이가 가까이서 토끼를 만날 수 있어요. 토끼에게 주는 당근과 각종 채소는 별도의 요금없이 무한으로 제공돼요. 서울에서 멀지 않아 평일에 아이가 하원한 후 잠깐 방문하기에도 부담이 없지요.

지친 마음을 힐링하는 숲 나들이

나들이를 가면 엄마 아빠는 아이에게 더 많은 것을 보여주고 경험하게 해주고 싶어해요. 그러나 이러한 욕심은 아이가 나들이에 집중하는 것을 방해할 수 있어요. 숲 나들이를 나선 아이가 집 앞에서도 흔히 볼 수 있는 개미나 흙에만 관심을 보인다고 해서 아쉬워할 필요가 없답니다. 부모는 아이의 눈높이에 맞춰 같이 호응해주고 즐거워하는 것만으로도 충분해요. 그러니 아이가 충분히 자연을 느끼고 호기심을 발휘할 수 있도록 도와주세요.

숲 나들이를 가기 전에 숲, 나무, 꽃, 다람쥐와 관련된 책을 읽으면 반복에 의해 아이 뇌의 시냅스 강화에 도움이 돼요. 깨끗한 공기를 마시며 자연 속에서 시간을 보내는 동안 아이는 더욱 건강하게 자랄 수 있어요. 숲 나들이 도중 땅에 떨어져 있는 깨끗한 나뭇잎을 모아 오면 집에서 프로타주 등 여러 놀이에 활용할 수 있답니다.

서울 푸른수목원

푸른수목원은 방문할 때마다 만족하는 곳이에요. 울창한 숲이 우거진 수목원이 아니라 공원 같은 느낌이 드는 곳으로 푸른수목원만의 매력이 있어요. 경사가 거의 없어서 유모차를 끌기에도, 아이가 걷고 뛰며 산책하기에도 좋아요. 평화롭고 조용한 분위기이며 주말에도 크게 북적이지 않는 장점이 있어요.

서울식물원

힐링과 맑은 공기가 필요한 아이 가족에게 인기 많은 장소예요. 식물원 내부에 온실이 있어서 미세먼지가 많거나 날씨가 흐린 날에도 초록 내음을 즐길 수 있답니다. 예쁜 아이 사진도 남길 수 있고, 씨앗도서관에서 씨앗을 대출받을 수도 있어요.

포천 허브아일랜드

낮에는 허브 향기가 가득하고 밤에는 반짝반짝 불빛이 가득해요. 미니 동물원에서는 공작새, 토끼, 당나귀 등 농장 동물이 살고 있어요. 허브아일랜드 내부 베네치아 마을에서 아이와 곤돌라를 타고 물 위를 둥둥 떠다니며 마을을 구경할 수 있어요. 아이를 동반한 가족 나들이 장소로 금상첨화인 곳이지요.

포천 국립수목원

(구)광릉수목원인 포천 국립수목원은 생태 훼손을 막기 위해 1일 입장 인원을 제한하고 있어요. 방문 전 인터넷이나 전화를 통해 사전 예약을 해야 합니다. 미취학 아동은 무료 입장이 가능하지만, 무료 인원도 반드시 사전 예약을 해야 해요. 입구 쪽에 있는 어린이 정원은 아이의 눈높이에 맞춰 아기자기하게 구성돼 있고, 아이가 즐길 거리도 함께 마련돼 있어요.

가평 아침고요수목원

가평에 가거나 수목원이 생각날 때마다 자주 방문하지만, 갈 때마다 힐링이 되는 곳이에요. 규모와 명성에 걸맞게 아기자기한 예쁜 정원부터 울창한 숲, 다양한 식물들이 살고 있는 식물원까지, 볼거리가 가득해요. 걷기 힘들어 하는 18개월 아이도 다양한 식물을 만나며 자유롭게 걸어 다녔답니다.

양평 세미원

연꽃이 피는 계절이면 더욱 아름다운 장소예요. 경사가 거의 없어서 아이와 함께 걷기 좋고, 다리 그늘 밑에서 풍경을 감상하며 잠시 쉬어갈 수도 있답니다. 다양한 교육 및 체험 행사 등 놀거리도 가득해요.

구미 에코랜드

야외에서는 미끄럼틀을 타며 아이가 뛰어놀기 좋아요. 실내에서는 에코 체험관과 생태 학습 체험관에서 동물과 곤충을 실제로 볼 수 있어요. 생태 탐방 모노레일을 타고 자연 속에서 시간을 보내기도 좋지요. 모노레일 속도가 아주 느려서 어린 아이와 타도 전혀 위험하지 않아요.

파주 벽초지문화수목원

유럽 정원을 테마로 아기자기하게 꾸며진 수목원이에요. 곳곳에 포토존이 마련돼 있어 가족사진을 남기기에도 좋아요. 주말에 방문할 경우, 휴대용 유모차는 수량이 부족해서 대여하지 못할 수 있어요.

거제 외도 보타니아

아이와 거제도로 여행갈 때 방문하는 곳이에요. 외도는 멋진 정원수와 예쁜 꽃들이 이국적인 정취를 느끼게 해주는 섬이지요. 멋진 풍경을 감상하려면 그만큼 체력소모가 필요해요. 경사가 제법 가파라서 마실 물과 편안한 복장은 필수랍니다.

제주 에코랜드

기관차를 타고 한라산 원시림을 여행하며 다양한 테마 숲을 탐방할 수 있어요. 각각의 역마다 심어진 수목과 테마가 다르고 즐길 수 있는 체험거리도 다르니 아이와 함께 미리 탐방 계획을 세워보는 것도 좋은 방법이에요.

안산 이풀실내정원

대기 상태가 좋지 않을 날에 미니 실내 식물원처럼 방문하기 좋아요. 날씨가 좋은 날에는 주변을 산책하며 아이가 뛰어놀 수 있어요. 지그재그로 연결된 경사로를 따라 관람하는 구조로, 아장아장 걷는 아이가 즐거워하고 유모차를 끌기에도 수월해요.

인천 국립생물자원관

야외 자연 속에서 아이가 마음껏 걷고 뛰기 좋고, 실내 체험 학습실에서 시간을 보내기 좋아요. 미니 실내 식물원이라고 할 수 있는 곶자왈 생태관에서 산책하며 쾌적한 환경에서 아이와 시간을 보낼 수 있답니다.

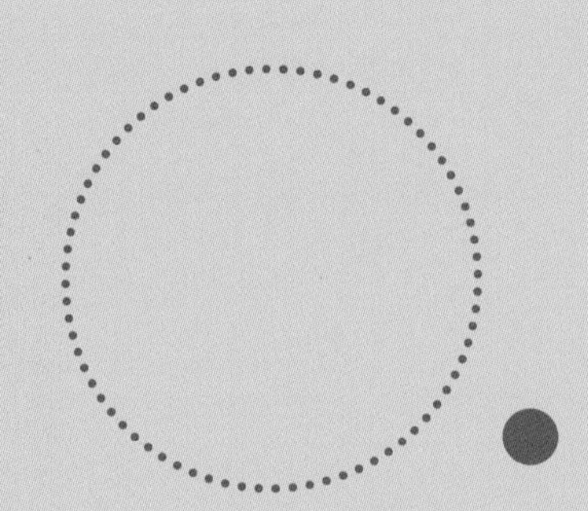

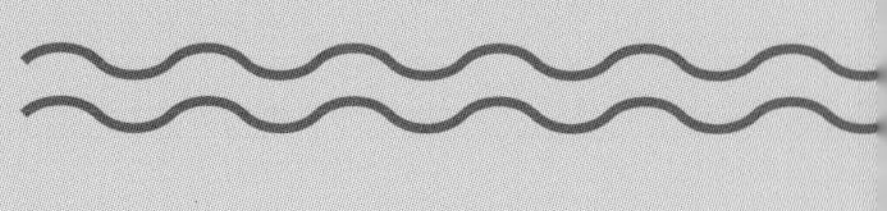

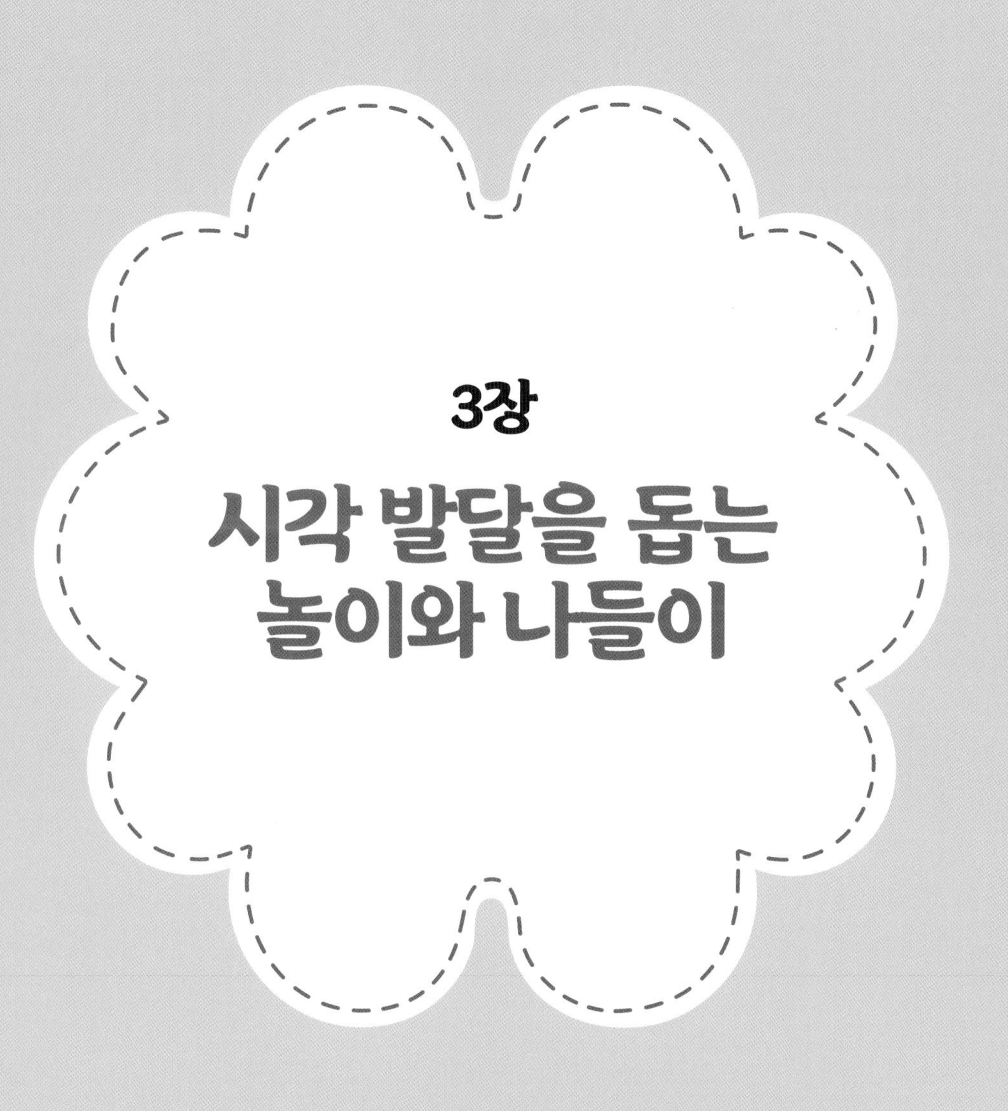

3장

시각 발달을 돕는 놀이와 나들이

후두엽을 자극하면 시각 기능이 발달해요

시각 정보를 기억하고 처리하는 기능은 후두엽에서 담당합니다. 출생 직후 아이는 후두엽의 시냅스가 제대로 발달하지 않은 상태예요. 그래서 물체를 볼 때 초점을 맞추기 어렵지요. 생후 한 달 무렵부터 돌까지 후두엽은 빠르게 발달합니다. 이 시기부터 아이는 엄마 아빠의 얼굴을 응시하고 표정을 따라하는 등 시각 자극에 반응하기 시작하지요. 그래서 부모는 아이와 눈을 자주 맞추고 아이의 움직임에 반응하며 시각을 자극하는 것이 좋아요. 명암 대비가 선명한 흑백 초점책이나 색감이 선명한 동화책도 아이의 시각 발달에 도움이 됩니다.

생후 6개월 무렵부터는 사물을 기억하는 능력이 발달해요. 단순 반사 작용에 의해서 눈을 움직이는 것이 아니라, 자신의 의지에 따라 사물을 볼 수 있게 됩니다. 흐릿한 파스텔 계열의 색은 생후 6개월 이후에 구별이 가능해서 아이 장난감에는 원색을 많은 사용하지요.

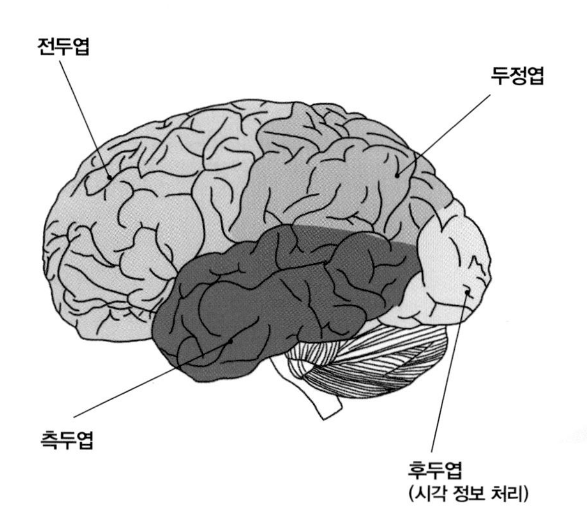

후두엽의 가장 뒤쪽은 일차 시각 피질과 이차 시각 피질로 구성돼요. 일차 시각 피질은 외부에서 뇌로 들어오는 시각 자료를 처리해요. 그래서 영아기 초기(0~2세)에는 사물의 용도나 속성보다는 형태나 색깔에 먼저 반응하지요. 이후 이차 시각 피질이 발달하는 유아기(3~6세)가 되면 사물의 용도와 의미도 이해하게 됩니다.

유아기가 되면 시각 기능의 변별력과 정확도가 증가합니다. 때문에 아이는 다양한 자극에 대해 올바른 반응을 할 수 있게 되지요. 강아지와 고양이, 숫자 6과 9를 구별하게 될 뿐만 아니라 신호등의 빨간불과 초록불도 구별하게 돼 적절하게 반응하고 행동할 수 있게 됩니다.

시각은 정보 처리의 기본이 된다는 점에서도 큰 의미가 있어요. 시각으로 정보를 받아들여 다양한 방법으로 이를 처리하고 기억하게 되기 때문이지요. 아이는 눈을 통해 정보를 받아들이는 빈도가 높을 뿐만 아니라, 시각 정보를 통해 학습이 이뤄지기도 해요. 그렇기 때문에 다양한 색깔과 이미지를 활용한 입체적인 활동으로 시각을 자극하는 것이 중요합니다.

밀가루 풀을 만난 물감

물감 놀이의 뒷정리가 두려운 엄마 아빠가 첫 물감 놀이로 도전하기 좋은 놀이를 소개해요. 밀가루 풀에 여러 가지 물감을 섞어서 색깔을 내는 놀이랍니다. 손에 힘을 쥐고 조물조물 만지는 촉각 놀이도 가능해서 어린 아이가 좋아해요.

준비물	특징	효과
밀가루, 물, 물감(또는 식용색소), 냄비, 지퍼백, 테이프	물감이 손에 묻지 않아요. 물감 뒷정리가 걱정스러운 엄마 아빠가 첫 번째로 도전해보기 좋답니다.	눈과 손의 협응력 향상, 집중력 향상, 색채 감각 발달, 아름다움을 보는 재미 증가, 정서 안정

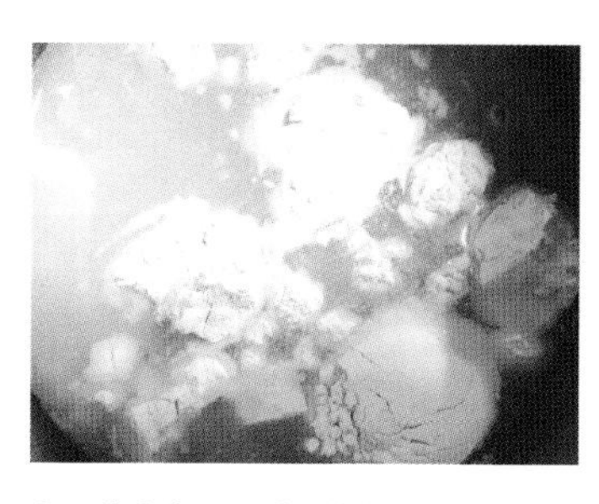

1 냄비에 물 3컵, 밀가루 5큰술을 넣어요. 중간 불에서 3분간 저어가며 끓여주세요.

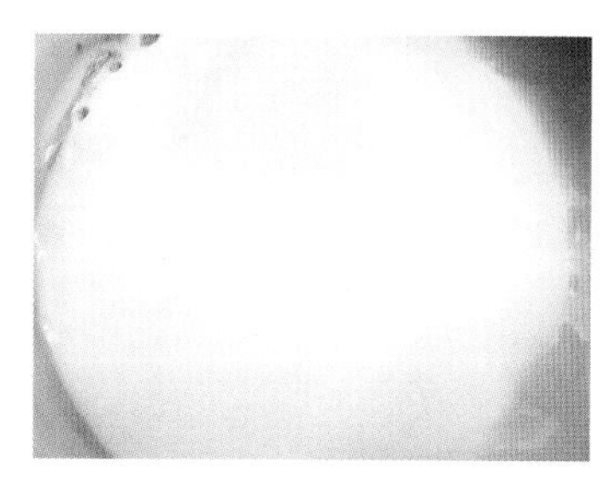

2 약한 불에서 3분간 저어가며 더 끓여요. 밀가루 풀을 상온에서 식힌 후 지퍼백에 넣고 가장자리를 테이프로 붙여주세요.

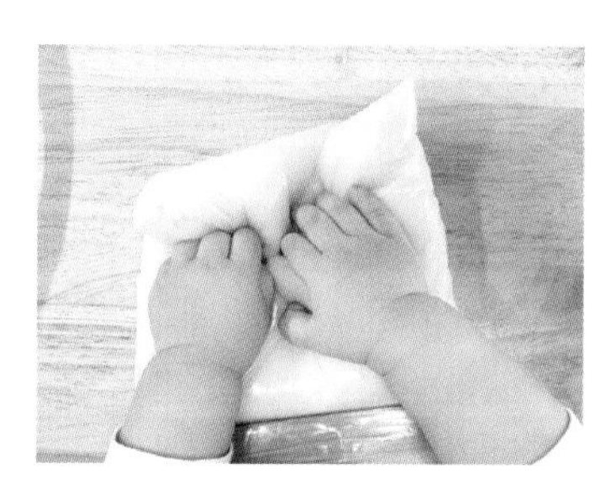

3 손으로도 눌러보고 발로 눌러보며 촉감을 느껴요.

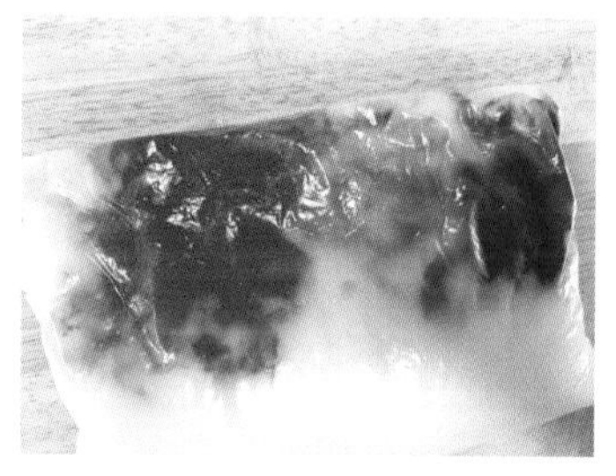

4 물감을 지퍼백 안에 짜주세요. 지퍼백을 누르며 색깔이 섞이는 모습을 관찰해요.

더 쉽고 재밌게 놀아요

- 밀가루 풀이 지퍼백에서 흘러나오지 않도록 지퍼백을 두 장 겹쳐 사용하고, 가장자리를 테이프로 붙여주세요. 아이가 20개월쯤 되면 호기심이 많아져서 지퍼백을 열려고 해요. 자칫하면 밀가루 풀이 주루룩 흘러내리는 대형 참사가 발생할 수 있어요.
- 밀가루 풀 대신 스케치북에 물감을 짠 후 지퍼백에 넣어서 물감 섞기 놀이를 해도 좋아요.

놀면서 똑똑해져요

물감 부분을 손과 발로 꾹꾹 눌러보는 대신 장난감 망치로 톡톡 쳐보세요. 아이의 스트레스 해소는 물론, 한 지점을 정확하게 맞추기 위해서 힘과 방향을 조절하는 능력을 기를 수 있어요.

양쪽이 똑같아, 데칼코마니

아이가 사물의 대칭을 어렴풋하게나마 이해할 수 있도록 도와주는 놀이예요. 종이에 물감을 짜서 접었다 펴면 예상하지 못한 모양이 만들어집니다. 도화지에 나타난 그림이 어떤 모습일지 상상해보고, 그림을 장롱에 붙여 아이만의 작은 미술관을 만들어보세요.

준비물	특징	효과
물감, 도화지	데칼코마니 기법은 준비와 뒷정리가 비교적 수월한 물감 놀이예요. 아이와 함께 어떤 모양이 나올지 이야기하고 상상해보는 시간을 가져보세요.	소근육 발달, 색채 감각 발달, 창의력과 상상력 향상, 추상적 사고력 향상

1 도화지를 반으로 접어주세요.

2 한 쪽에 물감을 짜요. 처음에는 한 가지 색으로 시작해서 점점 색깔을 늘려가요.

3 도화지를 반으로 접어 꾹꾹 눌러주세요.

4 물감이 찍힌 모양을 보고 좌우 형태가 같은지 다른지 아이와 이야기를 나눠요. 전체 모양을 보고 작품명을 함께 지어보세요.

더 쉽고 재밌게 놀아요

- 어린 아이에게 물감을 주면 한 쪽에 짜지 않고 양쪽 면에 모두 짜 놓기도 하는데, 이는 크게 상관없어요.
- 처음에는 엄마가 특정 형태(나비, 벌, 구름 등)가 생기도록 도와주면 아이가 더 흥미를 가지고 놀이에 참여할 수 있어요.

놀면서 똑똑해져요

대칭 개념을 익힌 아이라면, 한 면에 물감을 짠 후 이를 접었을 때 어떠한 모양이 나올지 상상하도록 도와주세요. 이는 아이의 공간지각력 발달에 도움이 됩니다.

다른 연령이라면?

24개월 이상이라면 물감이 대칭으로 찍힌 그림에 크레용이나 사인펜으로 눈코입을 그려보세요. 나비가 나왔다면 더듬이와 다리를 그리는 활동은 아이의 상상력을 자극합니다.

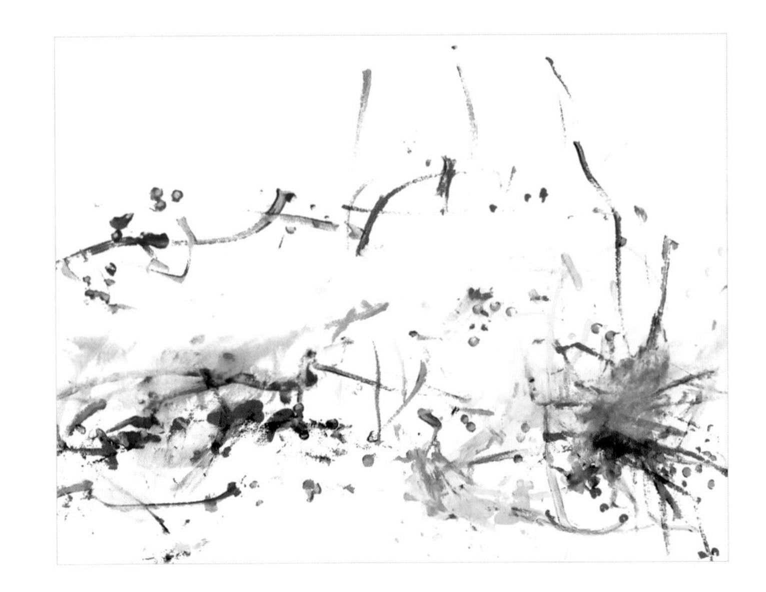

나는야 아기 피카소

붓 사용이 아직 서툰 어린 아이에게 추천하는 놀이예요. 면봉에 물감을 묻혀서 콕콕 찍어보고, 죽죽 그어보기도 해요. 물통을 사용하지 않아서 주변이 조금은 덜 더러워진답니다. 예상보다 훨씬 멋진 작품이 완성돼 집에 전시해 놓으면 인테리어 효과를 낼 수 있어요.

준비물	특징	효과
스케치북, 물감, 팔레트, 면봉, 물티슈	아직은 사물을 정확하게 그림으로 표현할 수 없는 아이들이 오히려 어른보다 더 멋진 그림 작품을 만들어낼 수도 있어요. 물감과 면봉을 이용해서 멋진 추상화를 그려보세요.	소근육 발달, 색채 감각 발달, 눈과 손의 협응력 향상, 집중력 향상

1 팔레트에 물감을 짜주세요.

2 면봉에 물감을 묻혀서 스케치북에 찍어요. 엄마가 먼저 시범을 보여줘도 좋아요.

3 면봉을 죽죽 그으며 자유롭게 그려봐요.

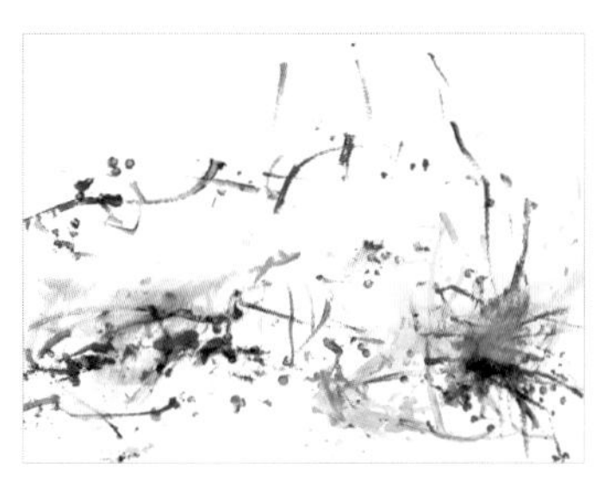

4 물티슈로 슥슥 닦아서 번짐 효과를 내보세요.

더 쉽고 재밌게 놀아요

스케치북이 없을 때는 키친타월에 그려도 좋아요. 이때 물감에 물을 살짝 묻혀서 번지도록 하면 더 멋있는 작품이 완성됩니다.

다른 연령이라면?

36개월 이상이라면 그리기, 숫자 쓰기, 자음 모음 따라 그리기 등 보다 발전된 활동을 해보세요.

공작새 만들기

공원에서 주워온 나뭇가지와 나뭇잎으로 공작새를 만들어보세요. 공작새가 아니더라도 아이가 가져온 자연물을 활용해 작품을 만들며 상상력을 발휘해봐요. 이를 통해 아이가 자연과 더 가까워질 수 있고, 관찰력과 집중력을 기를 수 있어요.

준비물	특징	효과
나뭇가지, 나뭇잎, 스케치북, 물감, 면봉, 목공풀	아이에게 바닥에 떨어진 잎과 줄기 중 예쁜 것을 모아보자고 하면 제법 유심히 잎과 줄기를 관찰해요. 무심코 지나치던 길가의 나무들도 주의 깊게 볼 수 있는 기회가 된답니다.	소근육 발달, 상상력과 관찰력 향상, 오감 발달

1 스케치북에 공작새의 얼굴과 몸을 그려주세요.

2 면봉에 물감을 찍어 날개 부분을 표현해요.

3 손가락에 물감을 묻혀서 찍어보기도 해요.

4 나뭇가지와 잎을 붙여서 완성해요.

더 쉽고 재밌게 놀아요

가을에는 다양한 낙엽으로 작품을 만들 수 있어요.

놀면서 똑똑해져요

"이 나뭇잎으로 무엇을 만들 수 있을까?" 아이가 주워온 나뭇잎이 무엇과 닮았는지 상상해볼 수 있도록 유도해주세요. 아이의 상상력을 자극하고 언어적 상호작용을 풍부하게 만들 수 있어요.

다른 연령이라면?

36개월 이상이라면 나뭇잎으로 코끼리와 토끼 등 다양한 동물을 표현해보세요. 사인펜으로 눈코입을 그리고, 주위에 나무와 꽃도 그려봐요.

치익치익 분무기로 나무를 표현해요

물감을 찍고 불고 접고 모두 해봤지만 아이의 물감 놀이 사랑이 끝나지 않나요? 그렇다면 분무기 물감 놀이로 아이의 욕구를 채워주세요. 물감이 분사되며 다양한 색이 섞이는 모습을 볼 수 있어요. 물감 색을 3~4가지 준비하면 아이가 색을 혼합하는 경험도 해볼 수 있어요.

준비물	특징	효과
물감, 분무기, 신문지, 스케치북, 큰 도화지	평소에 하던 물감 놀이와 다른 시각 효과를 줄 수 있어요. 아이가 다양한 효과를 경험하고, 미술 활동에 흥미를 갖게 됩니다.	소근육 발달, 관찰력 향상, 눈과 손의 협응력 향상, 색채 감각 발달

1 바닥에 신문지를 넓게 깔아주세요. 분무기에 물감과 물을 넣고 흔들어 섞어요.

2 스케치북에 나무와 달 모양을 그린 후 오려주세요.

3 오린 그림을 큰 도화지 위에 올린 후 분무기로 물감을 뿌려주세요.

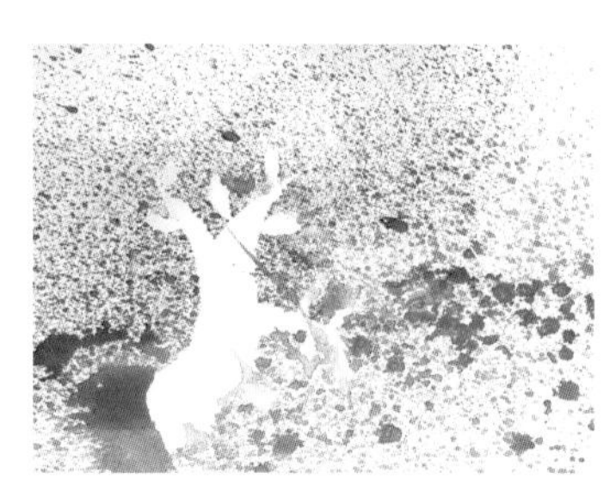

4 모양 종이를 떼어 내면 멋진 그림이 완성됩니다.

더 쉽고 재밌게 놀아요

물감이 너무 묽으면 분사된 모습이 선명하지 않아요. 시각적인 효과를 극대화하기 위해서는 물감을 진하게 섞어주세요.

놀면서 똑똑해져요

나무, 토끼, 달, 곰 등 다양한 그림을 준비해주세요. 아이가 그림을 원하는 대로 배치하게 한 뒤, 완성된 그림을 보고 어떤 장면인지 아이와 이야기를 나눠요. 언어 발달이 활발히 이뤄지는 이 시기 아이의 뇌를 자극할 수 있어요.

다른 연령이라면?

30개월 이상이라면 책을 읽고 아이가 인상적이었다고 생각하는 장면을 골라요. 그 장면에 등장하는 인물과 사물을 그려서 오린 후 (부모의 도움이 필요해요), 아이가 배치할 수 있도록 유도해주세요.

반짝반짝 내 그림에서 빛이 나!

흰 옷을 입고 어두운 장소에 들어 갔을 때, 흰 옷에서 빛이 나서 아이가 신기해한 적이 있나요? 이러한 경험을 적용해서 해볼 수 있는 블랙 라이트 물감 놀이예요. 밝은 곳에서 봤을 때와 어두운 곳에서 봤을 때 서로 다른 빛을 내서 아이가 시각적으로 쉽게 매료된답니다.

준비물	특징	효과
형광 물감, 크레용, 검정 도화지, 블랙 라이트 조명	평소에 보던 물감 색깔과는 다른 색을 경험할 수 있어요. 불을 끄면 반짝반짝 빛나는 물감이 아이의 시각을 자극합니다.	소근육 발달, 창의력과 상상력 향상, 오감 발달

1 형광 물감을 준비해주세요.

2 물감을 섞어서 다양한 색을 만들어요.

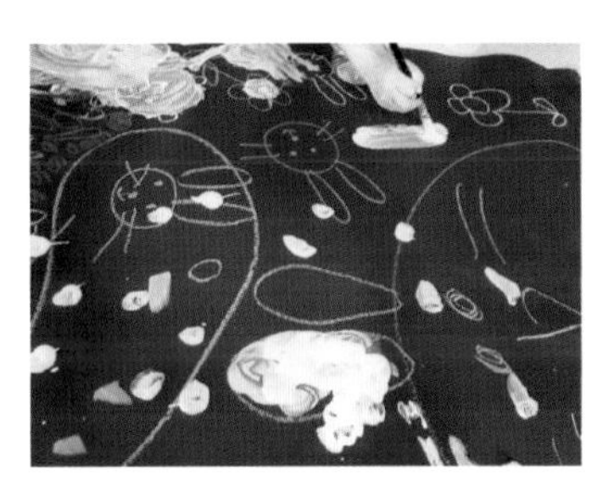

3 검정 도화지에 크레용으로 그림을 그린 후 물감을 칠해요.

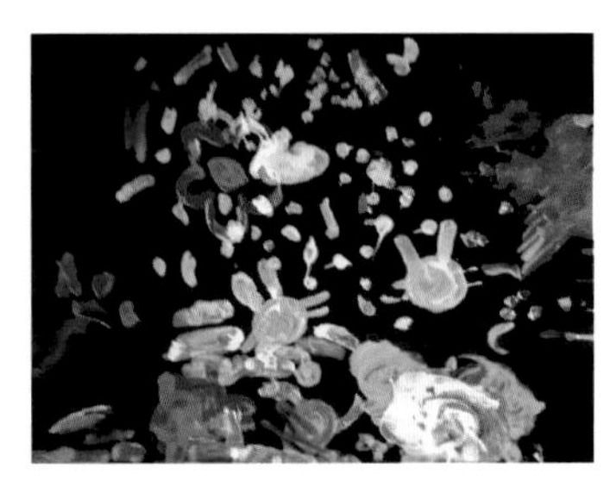

4 불을 끄고 블랙 라이트를 켜서 그림을 감상해요.

더 쉽고 재밌게 놀아요

- 검정 도화지 대신 검정 비닐을 사용해도 좋아요.

- 일반 조명이나 태양광이 없는 곳에서 해야 형광 효과가 좋아요. 암막커튼을 치면 낮에도 가능하지만, 그렇지 않다면 어두운 밤에 해야 효과를 극대화할 수 있어요.

다른 연령이라면?

30개월 이상이라면 붓이나 면봉 등 도구를 사용해서 형태가 있는 그림을 그려봐요. 아이가 직접 블랙 라이트를 비춰보는 활동도 즐거워한답니다.

우유에 그린 그림

손에 묻지 않는 물감 놀이예요. 아이가 어느 정도 물감 활용에 자신감을 얻었다면 도전하기 좋아요. 우유를 손으로 만지면 안 된다는 것을 이해하고 실행할 수 있는 단계의 아이와 해볼 만하지요. 유통기한이 지난 우유가 있다면 지금 바로 시작해보세요.

준비물	특징	효과
물약병, 물감(또는 식용 색소), 우유, 접시, 면봉	아이에게 물감 놀이를 하자고 한 후 우유를 따라보세요. 종이 위에 그림을 그린다고 생각하던 아이는 우유 위에 그림을 그리자는 제안에 깜짝 놀라며 흥미를 보여요.	눈과 손의 협응력 발달, 소근육 발달, 창의력과 집중력 향상, 정서 안정

1 물약병에 물감과 약간의 물을 넣어요. 뚜껑을 꼭 닫고 흔들어 섞어주세요.

2 접시에 우유를 담아요.

3 물약병을 짜서 우유 위에 그림을 그려요. 이때 아이 힘으로 물감을 짤 수 있게 도와주세요.

4 면봉으로 우유 위의 물감을 이동시키며 멋진 그림을 그려봐요.

더 쉽고 재밌게 놀아요

- 아이에게 미술 놀이용 가운이나 이유식용 가운을 입히면 뒷정리가 편해요.
- 물약병은 아이가 아플 때 먹은 것을 깨끗이 씻어서 말린 후 놀이에 활용해요.
- 물약병 크기가 작으면 아이가 금방 물감을 짜버려 다시 만들어줘야 해요. 물약병 크기가 큰 것이 놀이할 때 더 편해요.

놀면서 똑똑해져요

하얀 바탕에 빨강, 파랑, 노랑 등 원색 그림을 그리면 아이의 시각을 더욱 자극할 수 있어요. 어린 아이에게는 물약병에 원색을 담아주고, 큰 아이에게는 다양한 색의 물약병을 만들어주세요.

다른 연령이라면?

5세 이상이라면 왜 우유 위 물감이 움직이듯 퍼지는지 설명하며 과학 놀이로 활용할 수 있어요.

실곤약
염색 놀이

자주색 양배추와 실곤약을 이용해서 과학 놀이를 해봐요. 산성과 염기성에 따라 색이 선명하게 변하는 신기한 마술 놀이랍니다. 엄마 아빠가 학창시절 과학 수업에서 했던 리트머스 색깔 변화 실험 원리를 이용한 놀이예요.

준비물	특징	효과
실곤약, 자주색 양배추, 레몬즙, 그릇, 냄비	곤약은 특유의 촉감이 있어서 촉각 놀이 재료가 됩니다. 실곤약이 없다면 그냥 곤약을 잘라서 사용해도 좋아요.	소근육 발달, 관찰력과 창의력 향상, 집중력과 사고력 향상

1 실곤약을 물에 담가서 특유의 냄새를 제거해주세요.

2 냄비에 물과 자주색 양배추를 넣고 끓이면 보라색 물이 돼요. 뜨거우니 식혀주세요.

3 보라색 물에 실곤약을 넣어서 푸른색으로 변하는 것을 관찰해요.

4 색이 변한 실곤약에 레몬즙을 부어서 분홍색으로 변하는 것을 관찰해요.

더 쉽고 재밌게 놀아요

- 레몬즙 대신 식초나 사이다를 이용해도 좋아요.
- 비닐을 깔고 놀면 뒷정리가 편해요.

놀면서 똑똑해져요

색 변화를 이용해서 아이가 소꿉놀이 등 창의적으로 놀 수 있는 환경을 조성해주세요.

다른 연령이라면?

36개월 이상이라면 흰색 실곤약, 푸른색 실곤약, 분홍색 실곤약으로 얼굴 그리기를 해요. 머리카락, 눈썹, 눈, 코, 입, 귀 등을 표현할 수 있어요. 얼굴뿐만 아니라 다양한 그리기에 실곤약을 활용해보세요.

내 그림이 움직여!

미술과 과학이 만나 풍부한 경험을 할 수 있는 놀이예요. 익숙한 색칠 놀이가 지루해졌을 때쯤, AR 미술 놀이로 자신이 색칠한 그림이 살아 움직이는 것을 보여주세요. 아이가 매우 흥미로워하며 더욱 꼼꼼하게 색칠하려고 노력할 거예요.

준비물	특징	효과
컴퓨터, 프린트기, 스마트폰, 색연필(또는 크레용)	미디어 기기를 동영상이나 게임이 아닌, 교육 목적으로 사용할 수 있어요. 아이가 열심히 색칠한 작품이 더 극적인 효과를 낸다는 것을 인지한다면 작품의 완성도가 높아집니다.	색채 감각 발달, 눈과 손의 협응력 향상, 소근육 발달, 상상력 향상

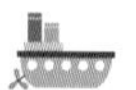

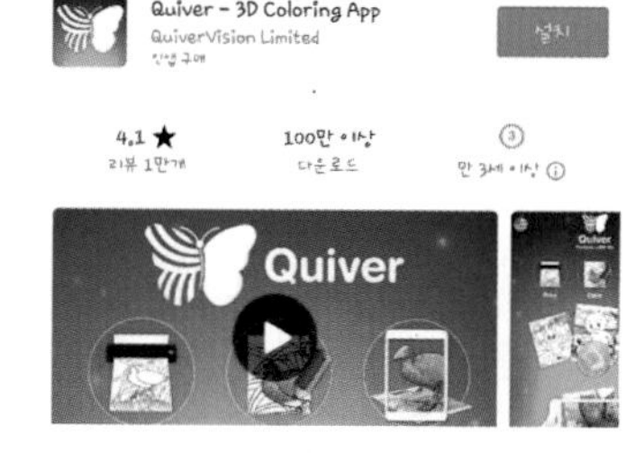

1 스마트폰에 퀴버(Quiver) 애플리케이션을 다운로드해주세요.

2 컴퓨터로 해당 애플리케이션 사이트에 접속해 그림을 인쇄해요.

3 인쇄한 그림을 색연필로 색칠해주세요.

4 색칠한 후 애플리케이션을 이용해 그림을 비춰주세요.

더 쉽고 재밌게 놀아요

앱스토어에 다양한 증강현실 미술 놀이 애플리케이션이 있어요. 아이가 좋아할 만한 것으로 선택해주세요.

놀면서 똑똑해져요

미디어 기기를 사용하는 놀이다 보니 아이가 지나치게 빠져들지 않도록 부모의 도움이 필요해요. "세 번만 더 해보자"라고 목표를 정해서 아이가 스스로 절제력을 기를 수 있도록 도와주세요.

그림자로 만드는 나의 이야기

아이는 언어 발달이 활발히 이뤄지면서 혼자 가상 놀이를 하는 시간이 부쩍 늘어나요. 인형과 장난감으로 하는 가상 놀이가 지루해졌다면 그림자 연극 놀이는 어떨까요? 스케치북에 그림을 그려 오린 후 이야기를 만들고, 재구성하는 과정을 통해 상상력을 길러보세요.

준비물	특징	효과
흰 벽, 조명, 스케치북, 나무젓가락(또는 빨대)	그림자가 생기는 원리를 경험하고, 아이에게 새로운 시각 자극을 줄 수 있어요.	소근육 발달, 눈과 손의 협응력 향상, 추상적 사고 능력 향상, 창의력과 상상력 향상

1 스케치북에 등장인물을 그린 후 오려주세요. 아이가 잡을 수 있도록 나무젓가락을 붙여주세요.

2 흰 벽에 조명을 비춰주세요. 등장인물을 스크린에 등장시켜서 탐색해요.

3 엄마 아빠와 함께 재밌는 이야기를 만들어요.

4 벽에서 가까이 멀리 가져가보면서 그림자 크기가 달라지는 것을 확인해요.

더 쉽고 재밌게 놀아요

- 아이에게 등장인물 하나를 주고 연기를 하게 해도 좋아요. 연기가 아직 어렵다면 "이때 누가 나타났을까?"와 같이 이야기를 함께 만들어보세요.
- 그림을 그려서 오리기 힘들다면 기존에 있는 그림을 사용해도 좋아요.

다른 연령이라면?

36개월 이상이 되면 그림자의 원리를 이해하게 됩니다. 그림자를 크게 또는 작게 만들기 위해서 어떻게 하면 좋을지 이야기를 나눠봐요.

크레용 불꽃놀이

크레용을 헤어드라이기의 열로 녹여서 색다른 그림을 그려봐요. 아이는 그림을 그릴 때 쓰는 크레용과 머리를 말릴 때 쓰는 헤어드라이기의 조합을 신선하고 재밌어해요. 동시에 아이가 창의력을 기를 수 있어요.

준비물	특징	효과
스케치북, 헤어드라이기, 크레용, 테이프	크레용이 녹은 모습에서 불꽃놀이, 로켓발사 불꽃, 알록달록한 꽃 등 연상되는 장면을 그려볼 수 있어요.	소근육 발달, 호기심과 색채 감각 발달, 집중력 향상, 정서 안정

1 스케치북 위에 테이프로 크레용을 붙여요.

2 헤어드라이기의 열을 이용해서 크레용을 여러 방면으로 녹여주세요.

3 스케치북에 밑그림을 그린 후 크레용을 헤어드라이기로 녹여도 재밌어요.

4 크레용을 떼어내고 그림을 그려 완성해요.

더 쉽고 재밌게 놀아요

- 헤어드라이기로 크레용을 녹일 때 열의 방향에 따라 크레용이 녹는 방향이 달라져요. 열이 너무 강하면 주변으로 튈 수 있으니 너무 센 강도로 녹이지 마세요.
- 크레용은 헤어드라이기의 열로 인해 따뜻하고 눅눅한 상태가 돼요. 스케치북에 붙은 크레용은 아이 손에 뜨거울 수 있으니 주의가 필요해요.

다른 연령이라면?

36개월 이상이라면 밑그림 없이 크레용을 먼저 녹인 후 그 모습에서 연상되는 장면을 창의적으로 그려보세요.

싹둑싹둑 몬드리안 따라잡기

피카소와 모네가 누구인지 몰라도 아이는 멋진 작품을 감상하며 심미적 경험을 쌓을 수 있어요. 또한 몬드리안의 작품같이 단순한 형태로 이뤄진 작품을 관찰하고 모방해보는 놀이는 아이의 관찰력과 표현력을 동시에 길러줍니다.

준비물	특징	효과
색종이, 가위, 풀, 스케치북, 절연 테이프	아이는 작가의 작품을 모방하기 위해 작품을 집중해서 유심히 관찰하게 됩니다. 형태와 색깔에 관해서도 이야기를 나눌 수 있어요.	소근육 발달, 눈과 손의 협응력 향상, 성취감 증가, 아름다움을 보는 재미 증가

1 몬드리안의 작품을 보며 아이와 함께 이야기를 나눠주세요.

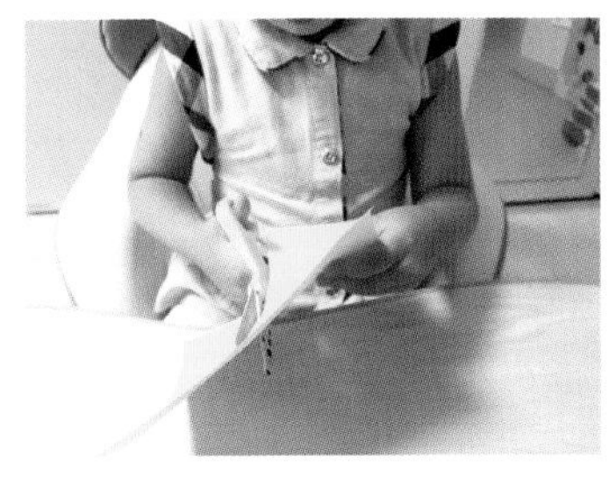

2 색종이를 각각 다른 크기의 네모 모양으로 오려주세요.

3 스케치북 위에 자유롭게 배열한 후 풀로 붙여요.

4 테두리에 절연 테이프를 붙여서 완성해요.

더 쉽고 재밌게 놀아요

색종이를 반으로 오린 후 여러 등분하면 배열하기 수월해요.

놀면서 똑똑해져요

- 몬드리안의 작품을 보고 아이와 함께 이야기를 나눠요. 그림의 느낌이 딱딱한지 부드러운지, 혹은 도형이 네모인지 동그라미인지, 색깔은 무엇인지를 묻는 질문을 자유롭게 해주세요.
- 완성된 작품에 아이와 함께 제목을 붙여봐요. 몬드리안의 작품은 무엇을 표현한 것인지 실제로 찾아보는 것도 도움이 됩니다.

다른 연령이라면?

24개월 이상 36개월 이하라면 부모가 먼저 예시로 사각형을 오려주세요. 아이가 예시를 보고 사각형을 똑같이 배열해볼 수 있도록 유도해주세요.

엄마에게 꼭 필요한 쇼핑몰 나들이

마트에 진열된 다양한 색깔과 모양의 채소, 과일을 보는 것은 어린 아이의 시각 발달에 도움을 준다는 연구 결과가 있어요. 동네 마트보다 좀 더 시각적 자극이 풍부한 쇼핑몰로 아이와 함께 나들이를 떠나는 것은 어떨까요?

쇼핑몰은 아이 눈에 신기하고 새로운 것이 가득한 공간이지요. 또한 어린 아이부터 잘 걷고 뛰는 조금 큰 아이까지, 가족 모두에게 친절한 장소예요. 특히 계절과 상관없이 환경이 쾌적하고, 식당에는 아기 의자가 잘 갖춰져 있어서 편해요. 수유실 이용과 유모차 대여까지 가능하니 엄마 아빠에게 수월한 나들이 장소지요.

대부분의 쇼핑몰에는 키즈 카페도 있어요. 쇼핑몰에 따라 액티비티나 워터파크를 이용할 수 있고, 각종 육아 전시와 공연 행사에도 참여할 수 있답니다.

IFC몰(여의도점)

다른 백화점이나 쇼핑몰에 비해 엘리베이터를 기다리는 시간이 짧아서 주말에 유모차를 끌고 가도 편해요. 여의도 공원과 인접해 있고, 항상 깨끗하고 쾌적해서 즐겨 방문하는 곳이랍니다.

스타필드 코엑스몰(삼성점)

육아나 엄마 아빠의 관심사와 관련된 각종 전시회, 공연, 행사가 다양하게 열려요. 별마당 도서관, 아쿠아리움 등 구경거리도 풍부해요. 수유실 이용과 유모차 대여 또한 편리해서 아이 가족들이 많이 이용하는 장소지요.

롯데몰(잠실점)

계절에 따라 바뀌는 야외 광장 조형물, 캐릭터 피규어, 실내 거리에서 펼쳐지는 인형 공연까지 아이의 시각과 청각을 자극하는 즐거운 장소예요. 아쿠아리움과 전망대, 키즈 카페 등의 즐길거리도 다양해요. 이유식을 제공하는 카페를 비롯해 레스토랑도 있어서 아이와 함께 자주 찾는 곳이지요.

수원 아브뉴프랑

유럽형 쇼핑거리인 아브뉴프랑은 광교동의 중심부에 위치해 있어요. 지하에는 롯데마트가, 1~2층에는 레스토랑 및 상점이 자리 잡고 있어 쇼핑과 식사를 동시에 하기 좋은 장소지요. 중앙 광장에는 아이가 뛰어놀 수 있도록 인조 잔디가 깔려 있어요.

하남 스타필드

쇼핑 테마파크로 워터파크, 찜질방, 쇼핑, 액티비티, 그리고 맛있는 음식을 즐길 수 있는 공간이랍니다. 가끔 다양한 캐릭터를 만날 수 있는 이벤트도 진행하니 홈페이지를 미리 확인해주세요.

고양 스타필드

하남 스타필드와 닮은 점이 많은 곳이에요. 특히 더운 여름에는 아쿠아필드의 루프탑 풀장을, 추운 겨울에는 찜질방을 방문해보세요. 키즈룸과 수유실도 있어서 어린 아이가 있는 가족이 편리하게 이용할 수 있이요.

아이와 데이트하는 고궁 나들이

평소에 보던 건물과는 다른 형태를 띤 고궁. 자연과 어우러진 고궁의 아름다움을 느껴보는 활동은 아이에게 새로운 시각 자극이 될 수 있어요. 특히 고궁을 산책하며 느낄 수 있는 사계절의 변화는 아이의 뇌 발달에도 도움이 된답니다.

아이를 낳고 엄마가 되어 방문한 고궁은 이전과는 다른 느낌을 줍니다. 매일 반복되는 쳇바퀴 같은 생활을 하며 육아로 지친 엄마의 몸과 마음을 달랠 수 있고, 아이가 세상을 탐색하는 나들이 장소로도 좋아요. 고궁에도 수유실이 있고 유모차를 대여할 수 있는 곳이 많아서 미리 확인을 하고 가면 편리해요. 고궁에서는 '임금님이 살았던 집', '왕자님과 공주님의 집'과 같이 아이 눈높이에 맞춰 간단하게 설명해주면 돼요. 날씨 좋은 날, 고궁을 배경으로 아이에게 한복을 입혀서 예쁜 사진을 찍는다면, 멋진 추억으로 간직할 수 있을 거예요.

경복궁

햇살을 받으며 고궁 돌담길을 걷고, 청와대 사랑채 2층 통유리를 통해 바깥 경치를 즐길 수 있어요. 중간에 검문이 있으면 청와대 사랑채에 간다고 대답하면 돼요. 국립고궁박물관 고궁배움터에서 플레이존과 유아놀이방, 수유실을 이용할 수 있어요.

덕수궁

돌담길을 걸으며 서울시립미술관과 정동 방면으로 산책하기 좋은 곳이에요. 무엇보다 덕수궁, 시민청, 서울도서관에 모두 수유실이 있어서 어린 아이와 나들이를 해도 부담이 덜해요.

남산골한옥마을

한옥마을 내에서 아이 한복을 대여해 예쁜 사진을 남길 수 있어요. 유아용 한복 사이즈는 상황에 따라 유동적이므로 방문 전에 전화로 문의해보세요. 한옥마을 정문 입구 관리실에서 수유실 이용과 유모차 대여도 가능해요.

창경궁

창경궁은 만추를 즐기기에 너무나 좋은 장소예요. 찬란한 가을 빛깔에 엄마도 아이도 마음이 풍요로워져요. 창경궁 입구 춘당지와 대온실의 산책 코스는 육아에 지친 엄마의 체력으로도 힘들지 않고, 유모차를 이용하거나 아이가 아장아장 걷기에도 안전해요.

은평역사한옥박물관

한적하고 여유로운 시간을 보낼 수 있는 장소예요. 한옥마을을 산책하며 엄마는 육아 스트레스를 풀고, 아이는 역사한옥박물관 내부의 자유놀이실에서 놀며 즐거운 시간을 보낼 수 있어요. 한옥마을에서 한복 체험도 해보세요.

수원 화성행궁

화성행궁은 국내에서 가장 규모가 큰 행궁이에요. 행궁 앞 광장에는 자전거 대여가 가능해요. 줄타기를 비롯해 다양한 공연도 관람할 수 있어요. 4~10월 매주 토요일에는 다양한 전통공예 체험 행사도 진행하니 아이와 함께 나들이를 즐기기에 좋아요.

용인 한국민속촌

궁궐은 아니지만 예스러운 느낌을 만끽할 수 있어요. 다채로운 공연, 행사, 체험과 더불어 아이 발달 단계와 성향에 따라 놀이기구까지 즐길 수 있는 곳이에요. 엄마 아빠와 아이가 즐거운 민속촌에서 시간 여행 나들이를 떠나기 좋아요.

경주 동궁과 월지

경주를 여행할 때 야경을 감상하기 위해 꼭 한 번 방문하는 곳이에요. 호수와 궁궐의 어우러진 모습을 보고 있으면 마음이 편안해진답니다. 밤에는 은은한 조명이 켜져 아이와 로맨틱한 시간을 보낼 수 있어요.

상상력을 자극하는 미술이랑 공연이랑

대학로 소규모 공연, 그리고 핑크퐁이나 뽀로로 등 유명 캐릭터가 등장하는 대규모 공연까지 전국적으로 다양한 공연이 있어요. 평소 아이의 성향을 파악해 문화생활을 즐겨보는 것도 의미 있는 나들이가 될 수 있어요.

처음 공연을 보러 간다면 아이의 낮잠 시간을 피하고, 밝은 내용의 공연을 선택하는 것이 좋아요. 또한 면역력이 약한 어린 아이의 경우 겨울에는 밀폐된 작은 공간에 있으면 감기에 걸릴 수 있으니 아이의 컨디션을 살펴서 방문하세요.

요즘에는 디지털 기술을 이용한 체험형 미술 전시가 많이 열리고 있어요. 또한 엄마 아빠와 함께 직접 만져보면서 관람할 수 있는 전시도 다양해지는 추세예요. 아이의 다양한 감각을 자극하고 온 가족이 함께 문화생활을 즐기기 좋은 전시회로 떠나보세요!

한가람미술관

예술의전당 한가람미술관에는 종종 아이 수준에서 즐길 수 있는 전시가 열려요. 다양한 색채의 작품을 함께 감상하며 아이에게 새로운 시각 자극을 주기 좋지요. 아이에게 많은 것을 보여주겠다는 욕심을 버리면 기분 좋은 나들이를 다녀올 수 있어요. 예술의전당 내부에는 수유실도 있어요.

고양 중남미문화원

사람들이 북적이지 않아서 한가롭고 여유롭게 박물관을 관람할 수 있어요. 문화원 내부에는 중남미 음악이 흘러나오고, 잘 가꾸어진 정원과 붉은 벽돌의 건물들, 독특한 중남미 조각들이 어우러져 여기저기가 포토존이 된답니다.

과천 국립현대미술관

날씨 좋은 날에는 어린이미술관 전시도 관람하고, 야외에서 산책하며 시간을 보내기 좋은 곳이에요. 평소에 그림 그리기를 좋아하는 아이라면 체험 활동에 적극적으로 참여해보세요.

춘천 이상원미술관

자연 속에서 예술을 느낄 수 있는 곳이에요. 각종 체험 공방과 뮤지엄스테이를 제공하고 있어요. 미술관 내부에 레스토랑, 카페, 체험 공방, 야외 풀장, 발을 담글 수 있는 계곡이 갖춰져 있어 미술관을 벗어나지 않고도 다양한 경험을 할 수 있어요.

용인 호암미술관

미술관이라는 말보다 커다란 정원이라는 말이 더 잘 어울리는 곳이에요. 벚꽃이 피는 봄이나 단풍이 물드는 가을에는 돗자리를 깔고 야외 피크닉을 즐기는 관광객들로 붐벼요. 전통 정원의 멋을 그대로 보여주고 있어 광활한 대지 면적 속에서 고즈넉함을 느낄 수 있답니다.

원주 뮤지엄 산

한국 관광공사가 지정한 '한국 관광 100선'에 선정될 만큼 아름다운 공간이에요. 노출 콘크리트 건축물로 유명한 일본 건축가 안도 타다오가 설계한 건물로도 알려져 있지요. 주차장에서 뮤지엄 입구까지 들어가는 산책로만 걸어도 힐링이 되며, 호기심 많은 아이에게도 만족감을 줄 수 있어요.

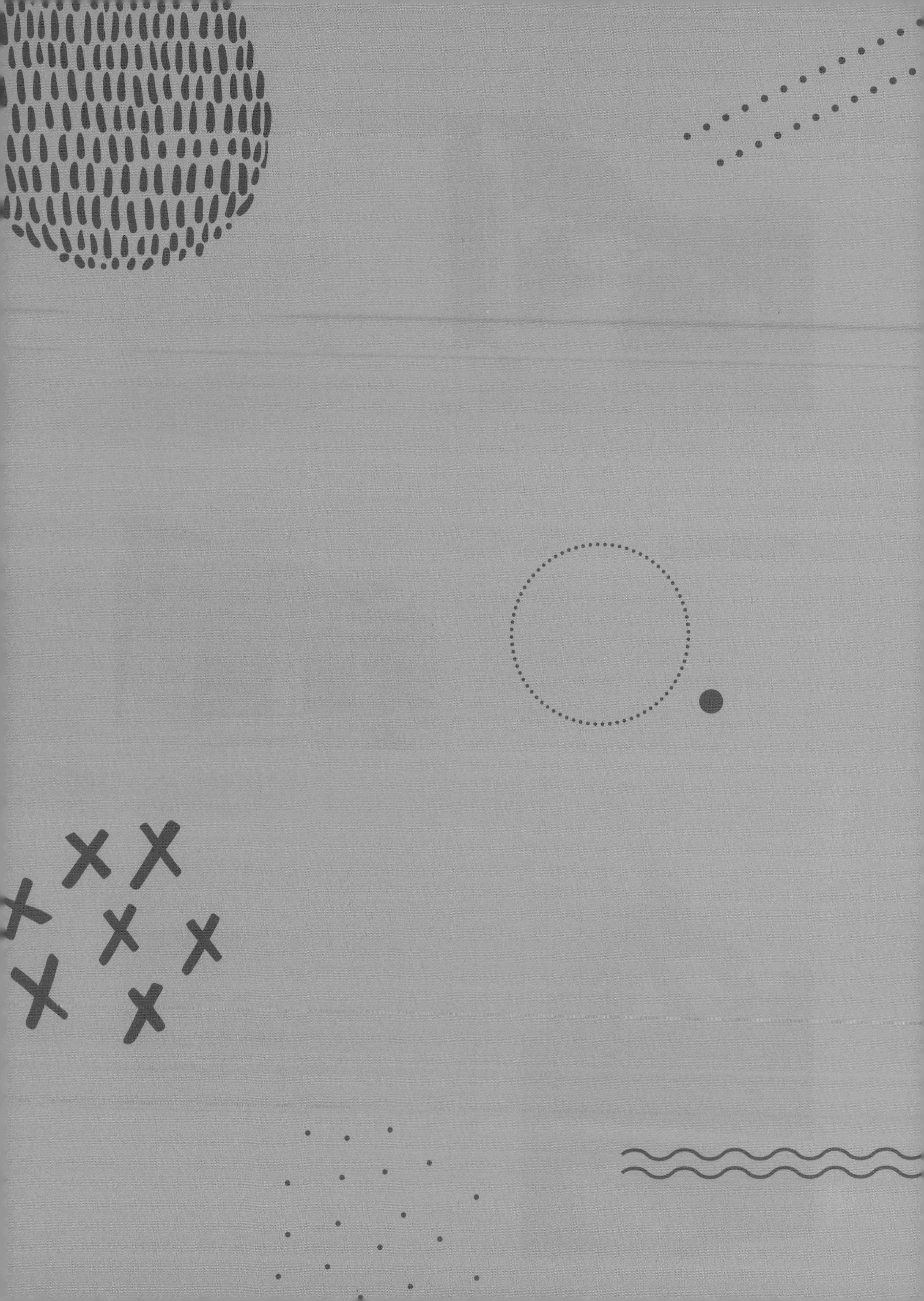

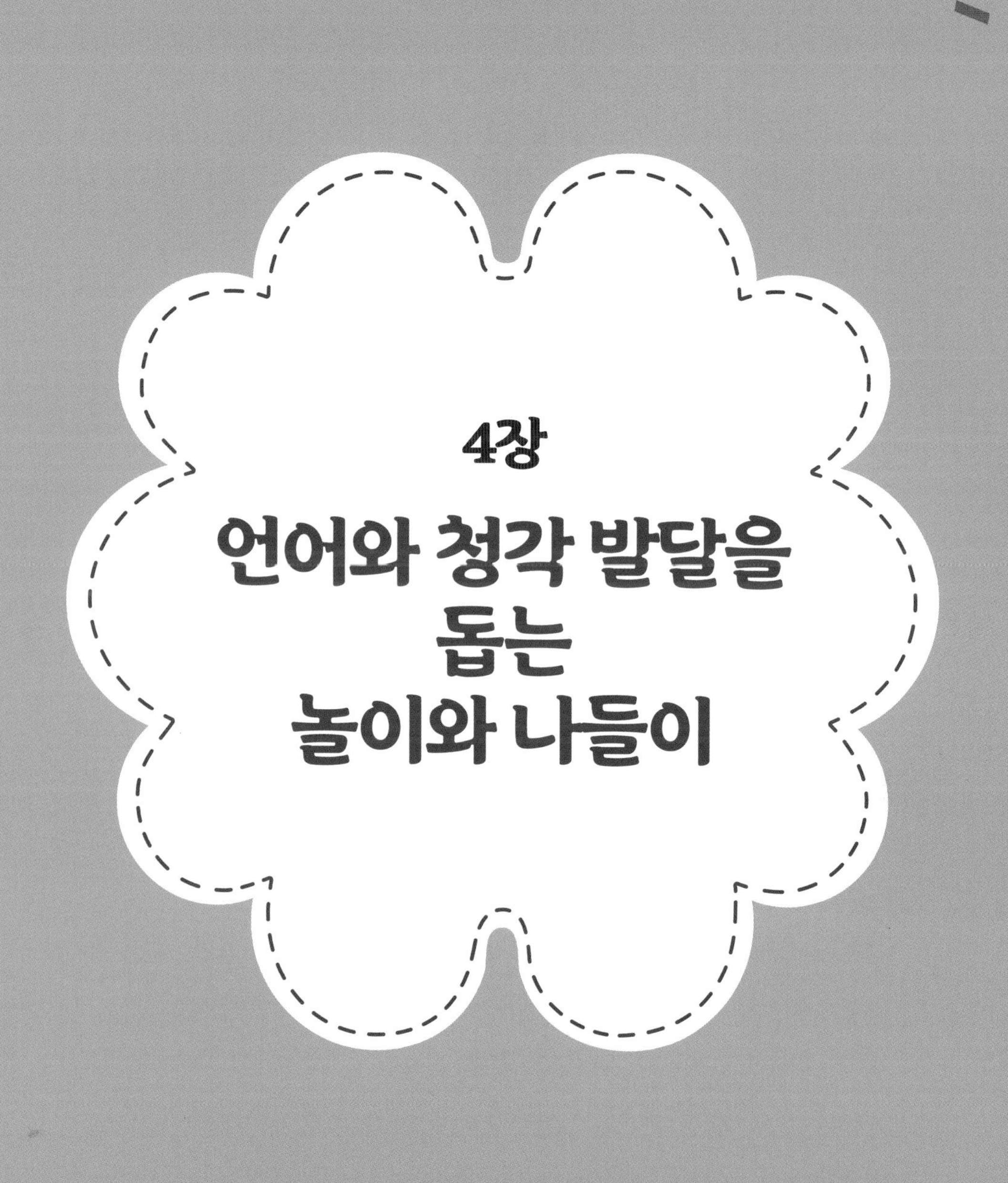

4장

언어와 청각 발달을 돕는 놀이와 나들이

엄마 아빠 말소리로 측두엽을 자극해요

태아는 청각 기능이 일찍 발달해서 뱃속에서 소리를 들을 수 있어요. 그래서 임신기간 중에는 시끄러운 장소를 피하라는 말을 한 번쯤 들어봤을 거예요. 뱃속의 아기에게 엄마 아빠의 목소리를 자주 들려주는 것이 좋다는 말도요.

청각 기능은 대뇌피질의 양쪽에 위치한 측두엽에서 담당합니다. 측두엽은 언어를 이해하고 소리 정보를 처리하는 중요한 역할을 하지요. 좌측에 위치한 '베르니케 영역'은 언어를 이해하고 해석하며, 단어를 정확한 문장으로 만들 수 있게 해줍니다. 우측에 위치한 '브로카 영역'은 단어와 문장을 소리 내어 말로 내뱉게 해주지요. 언어의 이해를 담당하는 베르니케 영역은 12개월 전부터 발달하기 시작하고, 말하기를 담당하는 브로카 영역은 24개월 전후에 발달해요. 이 시기에 아이의 측두엽 발달에 가장 좋은 것은 엄마 아빠의 말소리라고 할 수 있지요.

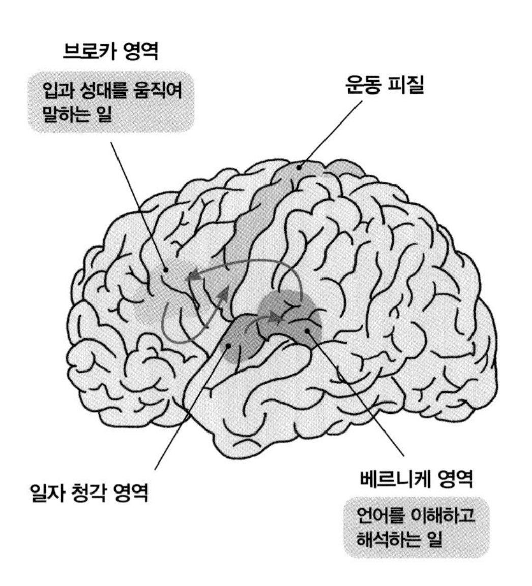

좌측 측두엽, 두정엽, 후두엽의 연결 부위에 위치한 베르니케 영역과 브로카 영역은 언어를 주관합니다. 일반적으로 일차 청각 영역에서 감지된 언어 정보는 베르니케 영역을 거쳐 이해되고, 다시 브로카 영역에서 운동 피질을 거쳐 의미가 있는 음성 언어로 표현돼요.

특히 부모가 책을 소리 내어 읽어주는 것은 아이 뇌의 다양한 영역을 자극합니다. 측두엽에서 책 읽는 소리를 파악하면, 두정엽과 변연계에서 단어의 감성적인 면을 인식하게 되지요. 이후 후두엽을 통해 내용을 마음속에 그리며 냄새, 맛, 촉감 등의 감각적인 느낌을 떠올리게 됩니다.

이처럼 아이가 말을 배우고 내용을 이해하는 과정은 생각보다 매우 복잡합니다. 물체를 보고 이름을 붙이고, 단어를 발음할 수 있기까지 많은 학습이 필요하지요. 매우 복잡해보이는 이 과정을 아이는 신기하게도 자동적으로 학습합니다. 따라서 이 시기에 아이와 이야기를 나누고 책을 보는 등 다양한 언어 자극을 주는 것은 꼭 필요한 일이지요.

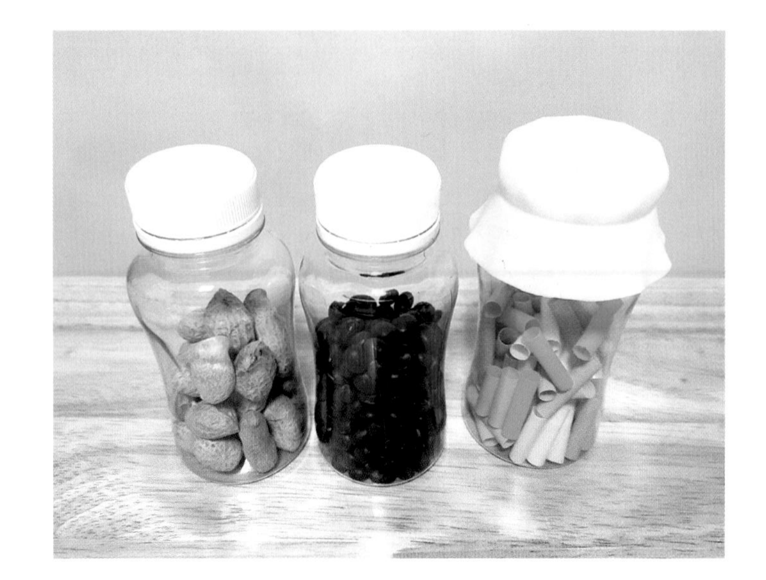

마라카스
음악대

소리가 나는 페트병을 아이의 왼쪽, 오른쪽, 다리, 머리 등 다양한 위치에서 흔들어 청각 발달을 돕는 놀이예요. 아이가 손에 쥐고 직접 흔들어보게 해주세요. 외출할 때 아이 장난감으로 가지고 나가도 좋아요.

준비물	특징	효과
페트병(200㎖), 곡식류(콩, 쌀, 보리, 땅콩 등), 빨대	음악 듣기, 노래 부르기, 악기 연주하기와 같은 음악 활동은 아이의 상상력, 기억력, 언어 능력, 신체 발달에 도움이 됩니다.	소근육 발달, 호기심 발달, 집중력과 창의력 향상, 부모와 소통 증가

1 재료를 준비해요. 빨대는 작은 크기로 잘라주세요.

2 페트병에 재료를 무겁지 않을 만큼만 담은 후 뚜껑을 닫아주세요.

3 다른 재료도 페트병에 담고 뚜껑을 닫아주세요.

4 페트병을 흔들면서 소리를 들어보세요.

더 쉽고 재밌게 놀아요

- 음악을 틀어놓고 마라카스 반주를 하며 노래를 함께 불러보세요. 집에 있는 다른 악기와 함께 연주해도 좋아요.
- "손은 어디 있나 여기~"에 맞춰 아이의 손을 마라카스 끝부분으로 톡톡 쳐주세요. 처음에는 눈, 코, 입, 귀, 손, 발에서 점차 눈썹, 이마, 볼, 턱, 목, 오른손, 왼손, 오른발, 왼발, 배꼽으로 신체 범위를 넓혀주세요.

놀면서 똑똑해져요

- 음악으로 일정한 박자 패턴을 가르쳐 보세요. 마라카스나 탬버린 같은 악기를 갖고 놀면서 박자에 익숙해질 수 있어요.
- 노래를 부를 때 아이가 많이 듣는 노래에서 반복적으로 나오는 단어를 바꿔 변화를 주면 아이의 언어 발달에 도움이 됩니다.

다른 연령이라면?

24개월 이상이라면 아이가 스스로 숟가락을 이용해서 마라카스를 만들 수 있도록 해주세요. 능숙해지면 젓가락으로 재료를 집어 넣는 연습을 해봐요.

누구의 소리인지 맞혀봐

아이는 '강아지'보다 '멍멍이'를, '호랑이'보다 '어흥이'를 먼저 발음하게 됩니다. 의성어와 의태어가 발음하기에 편하고 기억에도 오래 남기 때문일 거예요. 이를 활용해 소리를 듣고 동물 맞추기 놀이를 해봐요. 아이가 소리에 집중하게 되고 상상력을 자극할 수 있어요.

준비물	특징	효과
사운드북, 덮개	아이는 평소에 말로만 '개굴개굴' 하다가 실제로 개구리 소리를 들려주면 그것이 개구리 소리인지 모르기도 해요. 놀이를 통해 아이가 동물과 소리를 매칭해볼 수 있어요.	주의집중력 향상, 유추적 사고력 향상, 호기심 발달, 부모와 소통 증가

1 사운드북의 버튼을 누르며 소리를 들어봐요.

2 아이가 보지 않는 상태에서 버튼을 눌러 소리를 들려주세요. 사운드북을 덮개로 덮어도 좋아요.

3 무슨 소리인지 맞혀봐요.

4 반대로 아이가 누르는 버튼이 무슨 소리인지 엄마 아빠가 맞혀봐도 좋아요.

더 쉽고 재밌게 놀아요

• 동물 사운드북이 아닌 다양한 사운드북을 이용해 놀이할 수 있어요. 악기 소리, 교통수단 소리 등 집에 있는 사운드북을 최대한 활용해주세요.

• 사운드북이 없다면 미디어 기기에서 동물의 울음소리를 찾아 재생해도 좋아요.

놀면서 똑똑해져요

'개굴개굴' 소리를 단순히 따라하는 것에서 나아가 "동물이 뭐라고 하는 것 같아?"라고 물어보세요. 그러면 아이는 동물이 어떠한 의사표현을 하는지 상상하면서 창의력이 발달하게 됩니다.

내 이름을 찾아줘

아이는 가끔 본인이 만든 놀이 규칙을 엄마에게 이야기하며 같이 하자고 해요. 대부분이 엄마에게 엄청난 활동을 요구하는 규칙이지요. 엄마는 앉아있고 아이는 움직이게 하는 놀이 중 하나로 '이름표 붙이기'를 추천해요. 아이는 사물에 이름표를 붙이며 사물 형태와 이름에 익숙해지고, 엄마는 잠시 쉴 수 있어요.

준비물	특징	효과
포스트잇(또는 라벨지), 색연필	한글을 익히기보다는 사물마다 이름이 있고 이를 어떻게 부르는지 인지하는 데 목적이 있어요. 그림을 그려 실제 사물과 매칭해보는 것도 좋아요.	집중력 향상, 사물 인지 능력 향상, 호기심 발달, 부모와 소통 증가

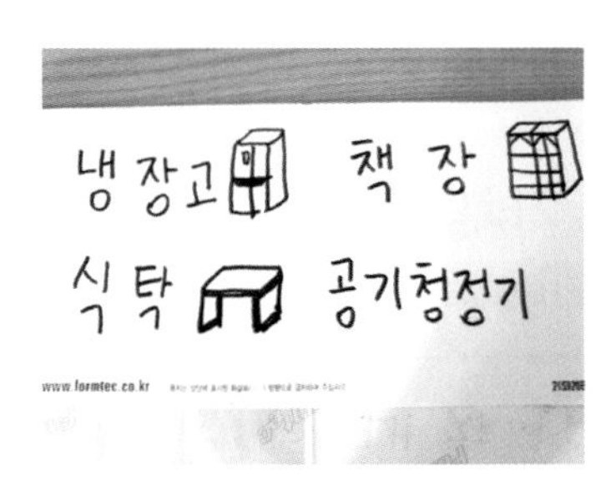

1 포스트잇에 그림을 그리고 사물 이름을 써주세요.

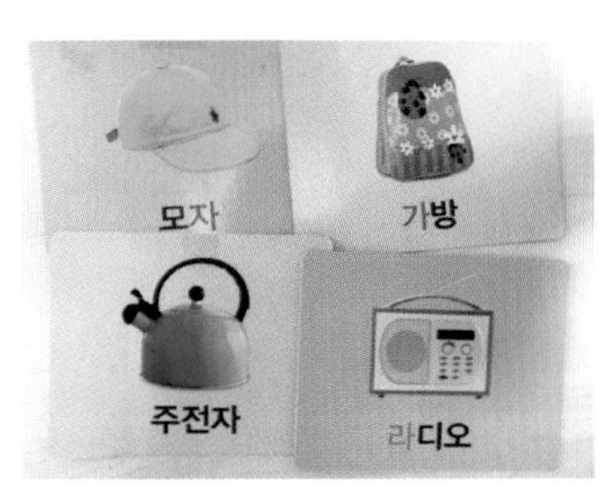

2 그림 카드가 있다면 대신 이용해도 좋아요.

3 아이에게 이름표를 주며 "물건에 이름표를 붙이고 오자"라고 말해주세요.

더 쉽고 재밌게 놀아요

라벨지와 포스트잇은 장단점이 있어요. 라벨지는 쉽게 붙는 대신 떼기가 어렵고, 포스트잇은 잘 떨어지는 대신 접착력이 약해 아이가 짜증을 낼 수 있어요. 아이의 성향을 고려해 재료를 준비해주세요.

놀면서 똑똑해져요

사물의 명칭을 찾는 놀이를 한 다음날 이를 다시 상기시킬 수 있게 해주세요. 반복 학습을 통해 뇌 발달을 더욱 촉진시킬 수 있어요.

내가 먼저 찾았어!

신체 활동을 좋아하는 아이와 글자에 흥미를 보이는 아이에게 유익한 놀이랍니다. 아이가 에너지를 발산하면서 사물 이름을 익히는 학습을 할 수 있어요.

준비물	특징	효과
사물 카드	사물의 이름에 관심을 갖게 해주는 놀이예요. 다양한 카드 중 목표 카드를 선별하는 활동을 통해 집중력을 기를 수 있어요.	대근육 발달, 사물 인지력 향상, 민첩성 향상

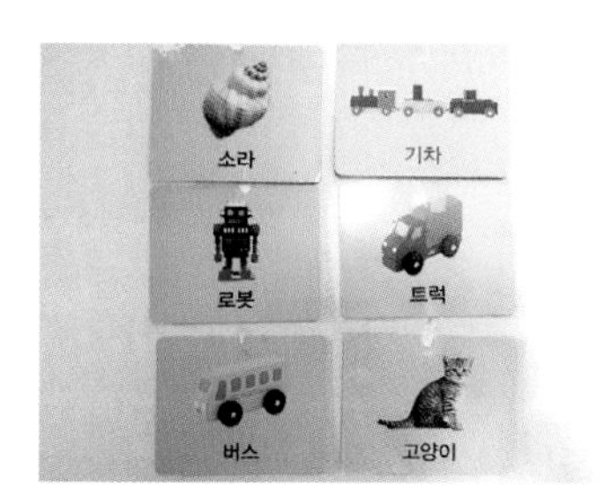

1 벽에 사물 카드를 붙여주세요.

2 벽과 조금 떨어진 거리에 서서 "가방! 누가 먼저 찾나?"라고 말해주세요. 먼저 달려가 찾는 사람이 승리해요.

3 익숙해지면 그림 없이 글자만 붙인 상태로 놀아봐요.

더 쉽고 재밌게 놀아요

- 아이의 수준과 흥미에 맞게 사물 카드를 미리 선별해주세요.
- 아이가 직접 목표 카드를 이야기해볼 수 있게 해주세요.

놀면서 똑똑해져요

- 놀이를 하다 보면 순위에 대한 개념이 생겨요. "이번엔 네가 1등, 아빠가 2등, 엄마가 3등이야" 라고 말해주세요.
- 처음에는 그림과 글자가 보이도록 벽에 붙인 후 놀이를 하다가 그림을 가리고도 해보세요. 원래 카드의 위치를 기억하고 있는 아이는 엄마의 물음에 기억력을 동원해 카드를 찾게 됩니다.

다른 연령이라면?

36개월 이상이라면 그림이 없는 한글 카드를 사용해보세요. 놀이를 통해 글자와 친숙해집니다.

여보세요! 여보세요!

언어 발달을 돕는 역할놀이를 소개해요. 엄마 아빠가 어렸을 적에 종이컵으로 만들어 놀던 추억의 전화 놀이가 아이의 인지 발달을 돕는답니다. 실을 연결하지 않은 종이컵으로 말하고 들어보고, 실을 연결한 종이컵 전화기로 말하고 들어보며 실이 있고 없을 때의 차이를 느껴보세요.

준비물	특징	효과
종이컵, 클립, 실, 칼	아이는 소리를 듣기 위해 집중해야 하고, 종이컵 전화기로 대화하기 위해 언어를 사용하게 됩니다. 한 번 만들어 놓으면 몇 번씩 가지고 놀 수 있어요.	호기심 발달, 상상력 향상, 스토리텔링 능력 향상, 부모와 소통 증가

1 칼로 종이컵 바닥 가운데에 살짝 구멍을 낸 후 실로 두 종이컵을 연결해요.

2 종이컵 안쪽 실을 클립에 단단히 묶어서 고정해주세요.

3 한 사람은 종이컵을 귀에 대고, 다른 한 사람은 종이컵을 입에 대서 전화 놀이를 해요.

더 쉽고 재밌게 놀아요

- 실이 팽팽해야 소리가 잘 들려요. 일정 거리를 유지해주세요.
- 아이가 어릴수록 실을 짧게, 클수록 실을 길게 만들어서 놀아요.
- 집 안에서 전화 놀이를 해보고, 밖에 나가서도 전화 놀이를 해보세요.

놀면서 똑똑해져요

- 아이가 말을 빨리 익힐수록 짜증을 부리거나 떼쓰는 일이 줄어들어요. 아이의 언어 발달을 돕는 놀이를 해보세요.
- 아이와 자주 대화를 나눠 듣기 자극을 주세요. 아이가 많은 단어를 익히게 됩니다.

다른 연령이라면?

24개월 이상이라면 종이컵 전화기를 아이와 함께 만들어보세요. 아이가 직접 종이컵에 스티커를 붙이거나 색연필 또는 사인펜으로 그림을 그리도록 해주세요.

찰랑찰랑 무엇이 들었을까?

아이는 사물을 인지할 때 주로 시각 정보에 의존해요. 한 번쯤 아이와 시각 정보를 차단하고 청각 정보에만 집중하는 시간을 가져보는 건 어떨까요? 다른 감각을 느끼다 보면 아이의 집중력이 발달하고, 동시에 상상력도 자극할 수 있어요.

준비물	특징	효과
종이컵, 곡식류(콩, 쌀, 보리), 고무줄, 랩	시각 정보를 차단하고 청각 정보만을 이용해서 미지의 사물을 상상해볼 수 있어요.	상상력과 창의력 향상, 청각 민감도 증가

1 종이컵에 크기가 다른 곡식을 담아주세요.

2 종이컵의 윗부분을 랩으로 단단하게 싸주세요.

3 종이컵을 흔들어서 소리를 비교해봐요.

4 눈을 가린 후 종이컵을 흔들어서 안에 들어 있는 곡식이 무엇일지 맞혀봐요.

더 쉽고 재밌게 놀아요

곡식 알갱이의 크기가 서로 다른 것으로 준비해주세요. 크기가 비슷하면 소리도 비슷하게 들려요.

놀면서 똑똑해져요

종이컵 세 개에 같은 곡식을 넣되, 양을 다르게 넣어주세요. 곡식의 양에 따라 소리를 비교한 후 무게가 다른 것도 알아봐요.

나만의 책 만들기

아이가 두 돌이 조금 넘어가면 혼자 책보는 시간이 길어져요. 집에 있는 인형에게 책을 읽어 주기도 합니다. 이 무렵 아이와 함께 작은 책 만들기를 해보세요. 그림을 그리기 어려우면 인쇄된 그림을 오려서 활용하는 것도 좋아요.

준비물	특징	효과
도화지, 캐릭터 사진, 가위, 풀, 색연필, 사인펜	아이는 본인이 만든 책에 애착을 보여요. 다음 날 아이에게 책을 다시 읽어달라고 하면 처음과 같은 내용으로 읽어주기도 해요. 아이는 책 내용을 말하기 위해 상상력을 펼치게 됩니다.	소근육 발달, 상상력 향상, 운동 능력 향상, 성취감 증가

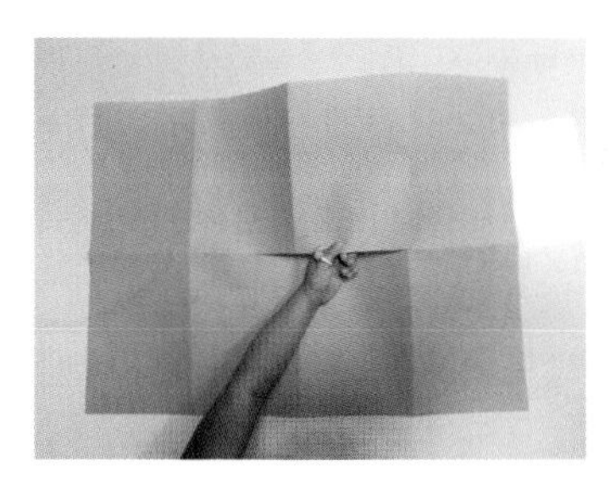

1 도화지를 사진과 같은 모양으로 접은 후 가운데를 잘라주세요.

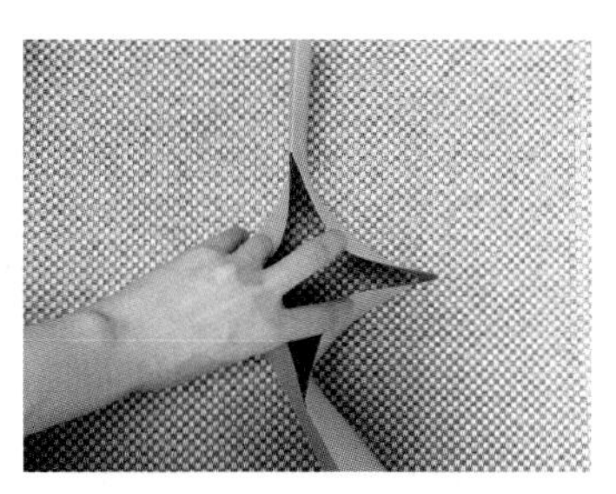

2 세로로 길게 접은 후 가운데로 모아주세요.

3 그대로 접으면 책 모양이 완성돼요.

4 캐릭터 사진을 오리거나 스티커를 활용해 각 페이지를 채워주세요.

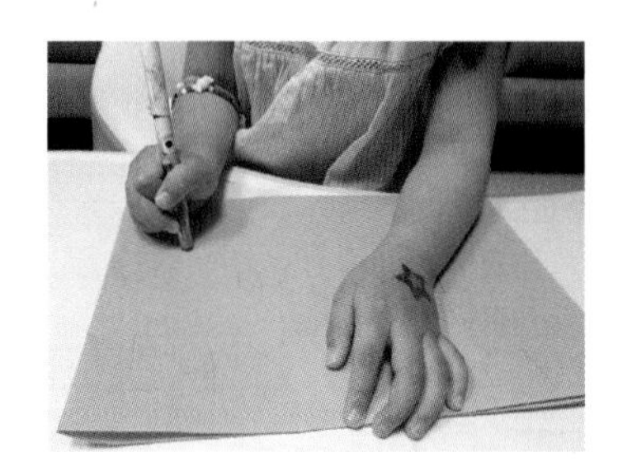

5 설명을 그리거나 써주세요.

6 인형에게 완성된 책을 읽어주세요.

놀면서 똑똑해져요

책 속 주인공 캐릭터의 마음을 묻고 답하는 활동을 해보세요. 아이의 정서 발달에 도움이 됩니다.

다른 연령이라면?

48개월 이상이라면 직접 그림을 그리고 색칠해 책을 완성해요. 여러 권을 묶어 시리즈 물로 만들 수 있게 도와준다면, 아이는 더욱 애착을 갖고 책을 만들게 됩니다.

나만의 도서관 만들기

서점이나 도서관처럼 '이야기책', '과학책', '영어책', '역사책'으로 책장을 나눈 후 분류에 따라 책을 꽂는 놀이예요. 아이가 "엄마, 과학책이 부족한데 오늘은 서점에 가서 과학책을 더 살래요."라고 말할지도 몰라요. 이상적인 이야기일 수 있지만 시도해볼 만해요. 다양한 책을 편식하지 않고 읽는 아이를 만들기 위해서 말이지요.

준비물	특징	효과
책, 책꽂이, 포스트잇(또는 라벨지)	책장에 책을 잔뜩 꽂아두고 '순서대로 예쁘게 꽂혀 있군' 하고 엄마만 만족하는 것은 아닌지 반성하는 시간이 되기도 해요. 아이와 함께 우리 집에 있는 책을 다시 한 번 살펴볼 수 있는 기회가 되고, 장기적으로는 아이의 책 편식을 막을 수 있는 유익한 놀이랍니다.	분류 능력 향상, 관찰력 향상, 책에 흥미 갖기

1 먼저 우리 집에 어떤 책이 있는지 살펴봐요.

2 정리해야 할 책을 꺼내요.

3 분류 기준을 정한 후 책을 차곡차곡 꽂아요.

4 아이와 함께 정한 기준을 바탕으로 각 칸마다 도서관처럼 분류 라벨을 붙여주세요.

더 쉽고 재밌게 놀아요

아이는 물건이 원래 위치에 있지 않으면 당황스러워하는 경우가 있어요. 책 분류 놀이를 하고 나면 책 위치가 처음에 꽂아두었던 위치와 다르게 됩니다. 놀이 후 아이가 책을 찾을 때 처음 위치가 아닌 새로운 위치에 꽂혀 있다는 것을 인지하고 받아들일 수 있도록 도와주세요.

메시지 꽃나무 만들기

활짝 핀 봄꽃을 보면 겨우내 움츠렸던 몸과 마음도 활짝 펴게 되지요. 집에서 예쁜 꽃 나무를 만들어봐요. 포스트잇에 그림을 그리거나 친한 친구 이름을 써보면 아이의 교우관계도 파악할 수 있어요.

준비물	특징	효과
포스트잇, 갈색 색지, 테이프	아이가 어린이집이나 문화센터에서 친구를 만나기 시작하면 친구에 대한 관심이 급격히 증가해요. 친구에게 하고 싶은 말을 메시지로 적어서 붙여보세요. 친구에 대한 이야기를 나누며 사회성을 기를 수 있어요.	감성 지능 발달, 사회성 발달, 소근육 발달, 아름다움을 보는 재미 증가

1 갈색 색지로 아이 키 높이만한 나무를 만들어서 벽에 붙여주세요.

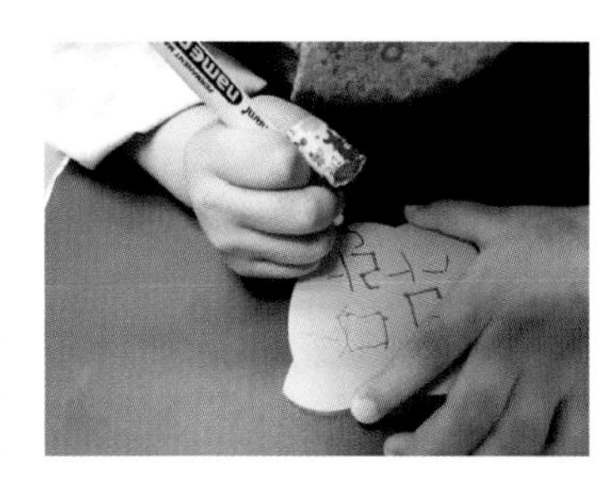

2 포스트잇에 그림을 그리거나 메시지를 남겨요.

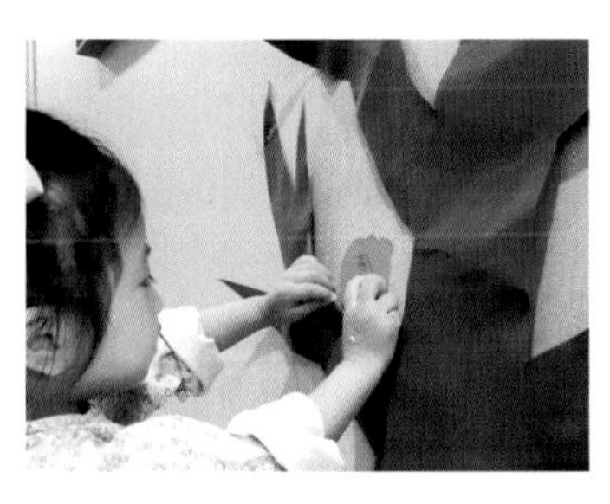

3 나무에 포스트잇을 하나씩 붙여주세요.

4 잎사귀를 오려 붙여 나무를 완성해주세요.

더 쉽고 재밌게 놀아요

메시지를 글자로 남기지 않아도 괜찮아요. 친하게 지내자는 의미로 하트를 그리거나, 도깨비 문자를 그리는 것도 좋아요.

놀면서 똑똑해져요

아이가 자의식을 확고히 하고 타인과 관계를 맺기 위해서는 언어가 필수적이에요. 아이의 대인관계를 위해서 언어적 상호작용을 해주세요.

누가 숨어 있을까?

무더운 여름에 하기 좋은 언어 놀이 겸 미술 놀이예요. 얼음 물감을 슥슥 그어보고, 도장을 찍듯 꾹꾹 눌러보고, 톡톡 두드려보고, 물감 묻은 손을 종이에 찍어보는 등 다양하게 놀아봐요. 물감 얼음으로 재밌게 놀면서 자연스럽게 글자, 모양, 기호를 익히는 시간도 마련해보세요. 아이가 글자에 관심을 보이지 않아도 즐거운 시간을 보냈다면 그걸로 충분해요.

준비물	특징	효과
물, 물감, 종이컵, 나무젓가락, 흰색 크레용, 큰 도화지	차가운 얼음의 촉감을 느끼는 촉각 놀이도 되고, 얼음 물감의 알록달록한 색을 보는 시각 놀이도 되는 오감 놀이에요.	눈과 손의 협응력 향상, 창의력 향상, 관찰력과 집중력 향상, 문자 익히기

1 종이컵에 물감과 물을 넣고 섞어 주세요. 나무젓가락을 꽂은 채로 냉동실에서 얼려주세요.

2 물감이 꽁꽁 얼면 종이컵에서 분리해주세요.

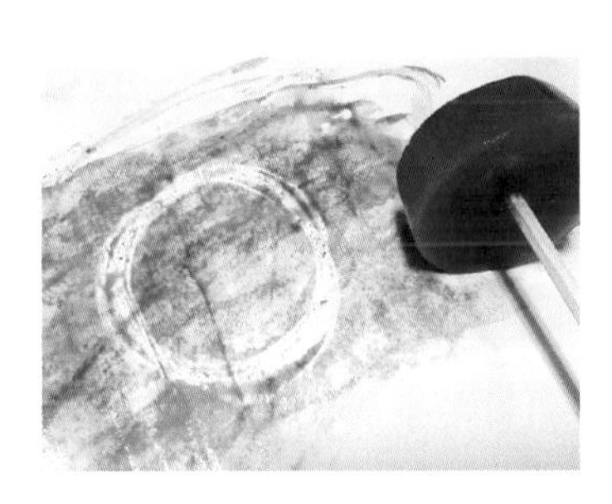

3 도화지에 흰색 크레용으로 한글 자음을 써주세요. 얼음 물감을 도화지 위에 슥슥 묻혀서 숨어 있는 한글 자음을 찾아봐요.

4 자유롭게 그림을 그리며 놀아요.

더 쉽고 재밌게 놀아요

- 한글이 아닌 다양한 그림이나 기호를 그려놓고 찾는 놀이를 해도 좋아요.
- 나무젓가락에 아이 손이 베일 수 있으니 뾰족한 부분이 없는지 잘 확인해요.

놀면서 똑똑해져요

아이가 주차장에서 소방차 구역을 지나갈 때 동그라미를 찾았어요. 도형처럼 이응을 알려주니 그때부터 "동그라미는 이응"이라고 외치며 이응 안에 들어가서 발도장을 찍었어요. 아이가 문자에 관심을 보인다면 생활 속에서 자연스럽게 놀이로 연결해주세요.

다른 연령이라면?

36개월 이상이라면 아이가 흰색 크레용으로 직접 문자나 기호, 그림 등을 그려 넣도록 해요.

엉터리 이야기 놀이

동화책을 무작위로 펼친 후 나오는 그림으로 이야기를 만들어봐요. 아이의 발달 수준에 맞춰 한 문장으로 말해도 좋고, 두세 문장으로 말해도 좋아요. 아이가 그림을 보고 창의적으로 자신의 생각을 말로 표현하도록 도와주세요.

준비물	특징	효과
동화책, 그림 카드	언어 발달을 위해서는 듣기와 말하기 활동이 충분히 이뤄져야 해요. 부모와 아이가 서로 번갈아가며 이야기를 만들어보세요.	호기심 발달, 스토리텔링 능력 향상, 집중력 향상, 유추 능력 향상, 부모와 소통 증가

1 그림 카드를 넘기면서 그림을 넣어 문장을 만들어주세요. 만약 수박 그림이면 "어제 마트에서 수박을 샀어. 수박 빙수 만들어 먹을까?"와 같이 엄마 아빠가 먼저 문장을 만든 후 아이도 문장을 만들 수 있게 도와주세요.

2 그림 카드로 문장 만들기를 연습한 후 아이가 좋아하는 동화책을 여러 권 준비해주세요.

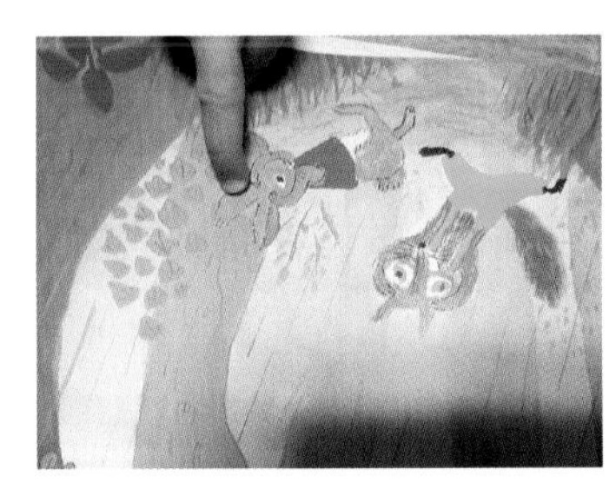

3 책을 무작위로 펼친 후 그림을 보고 이야기를 꾸며 보세요. 엄마 아빠가 책을 무작위로 펼친 후 아이가 말한 이야기와 이어지게 문장을 만들어봐요.

더 쉽고 재밌게 놀아요

이야기가 앞에서 말한 내용과 이어지지 않아도 돼요. 전체적으로 엉터리 이야기가 될수록 더 재밌는 시간이 될 거예요.

놀면서 똑똑해져요

엄마 아빠 차례에서는 표정을 잘 활용해보세요. 주인공 기분이 좋은지, 행복한지, 슬픈지, 화가 났는지를 살핀 후 감정에 대해서 이야기를 만들어주세요. 아이가 감정 종류와 표현에 대해 알수록 자신의 감정을 더 잘 조절하고 언어로 표현할 수 있게 됩니다.

활짝활짝 한글 꽃 놀이

숨겨진 것이 눈앞에 나타날 때 아이는 유난히 즐거워합니다. 이를 이용해 글자 놀이를 해봤어요. 종이 꽃잎을 접어서 물 위에 올리면 꽃잎이 펼쳐지면서 글자가 보이는 놀이예요. 낱글자에 대한 이해가 있는 아이와 함께 하면 좋아요.

준비물	특징	효과
색종이, 색연필(또는 유성펜), 가위, 그릇, 물	종이 꽃잎 안에 있는 글자가 드러나는 과정에서 아이의 상상력이 자극되고, 아이가 글자에 흥미를 갖게 됩니다.	감성 지능 발달, 소근육 발달, 아름다움을 보는 재미 증가

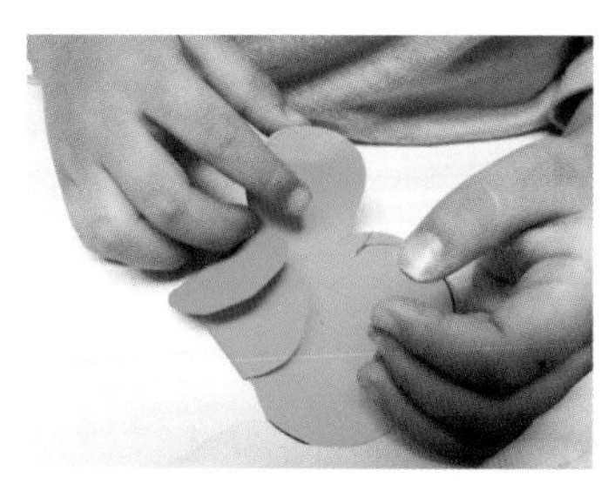

1 색종이를 꽃모양으로 오린 후, 꽃잎을 가운데로 모아 접어주세요.

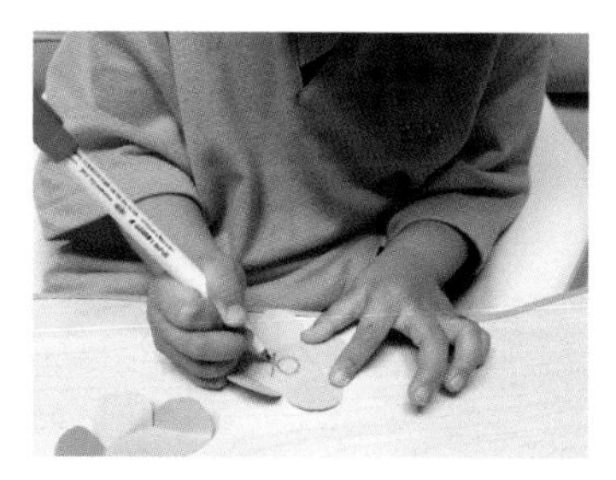

2 종이 꽃잎 가운데에 글자를 적어주세요.

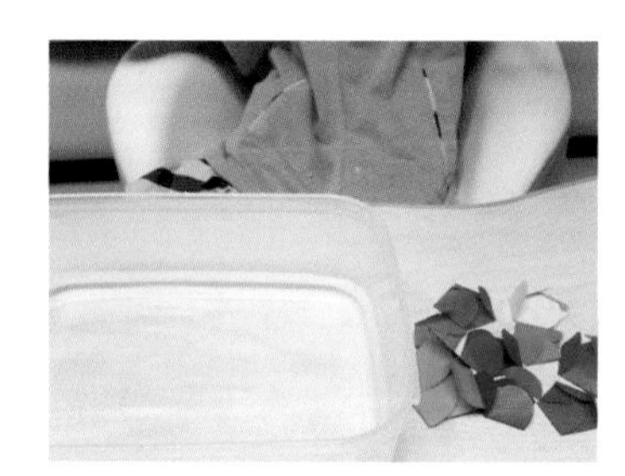

3 물 위에 종이 꽃잎을 띄워주세요.

4 꽃잎이 펴져서 글자가 보이면 하나씩 읽어봐요.

더 쉽고 재밌게 놀아요

- 통글자에 익숙한 아이는 '나무', '토끼' 등 아이가 좋아하는 낱말을 적어주세요.
- 낱글자에 익숙한 아이는 '나', '바', '무', '지'라고 적은 꽃잎을 여러 개 띄워요. 나타나는 글자로 '나무'와 '바지'처럼 단어를 만들며 놀아요.

다른 연령이라면?

24개월 이하라면 글자에 아직 익숙하지 않을 수 있어요. 글자를 적지 않고 종이 꽃잎을 접어 물 위에 띄운 후, 꽃잎이 펴지는 모습을 보는 것도 충분히 즐거운 놀이가 됩니다.

책 읽는 아이를 위한 도서관 및 서점 나들이

유아기에 서점과 도서관에 자주 들러 책을 가까이 할수록 아이는 친숙한 공간이라고 여기게 되겠지요. 더불어 집에 있는 책 외에도 다양한 소재, 모양, 사운드 책을 접하게 되면 아이에게 다양한 언어적 자극을 줄 수 있다는 점에서도 유익하답니다.

도서관과 서점 나들이 효과를 높이려면 아이와 미리 방문 목적을 정하는 것이 좋아요. "어린이집에서 심청전을 배웠다고? 그러면 오늘은 전래 동화책 3권을 사러 서점에 가볼까?" 혹은 "반에 있는 친구는 기린을 좋아한다고? 그러면 오늘은 도서관에 가서 기린과 관련된 책을 읽어보자"와 같이 방문 목적을 아이의 생활 속에서 이끌어 낼수록 아이가 더 흥미를 갖게 됩니다.

서울 꿈나무영유아도서관

아이의 첫 도서관 나들이 장소로 적합한 곳이에요. 헝겊책, 촉감책, 사운드책, 그림책 등 아이용 책이 다양하게 구비돼 있어요. 놀이 시설로 정글짐과 워터베드가 갖춰져 있어 아이가 놀이 공간에서 책과 친해지기 좋아요.

서울 문화철도959

아이가 어려서 도서관이 부담스럽다면, 놀고 먹으면서 자연스럽게 책과 친해질 수 있는 키즈 북카페를 방문하는 것도 좋아요. 신도림역 2층에 위치한 문화철도959는 두 돌 무렵의 아이 수준에 딱 맞는 장소예요. 책을 읽는 공간뿐만 아니라 놀이 공간도 있고, 근무하는 분들이 아이에게 매우 친절해요.

서울 국립한글박물관 한글놀이터

박물관은 딱딱하고 지루하다는 편견을 버려도 좋은 곳이에요. 이용객의 연령대가 낮고 이용객도 적어서 아이와 방문하기 편해요. 교육적인 키즈 카페 느낌의 한글 놀이터는 꼭 방문해보세요. 바로 옆에 뛰어놀 수 있는 공원도 함께 이용할 수 있어서 아이가 좋아한답니다.

성남 현대어린이책미술관

미술관과 도서관, 체험관의 복합적인 성격을 지닌 곳으로 아이와 함께 그림을 감상하고 책을 읽기에도 좋은 공간이에요. 아이가 예술 작품을 직접 만들어보는 공간도 마련돼 있어요. 36개월 미만 아이는 무료 입장이 가능해요.

송파책박물관 북키움

송파책박물관 내부에 있는 북키움은 아이가 책과 가까워질 수 있는 무료 체험 공간이에요. 아기자기하고 쾌적해서 엄마 마음에도 쏙 들어요. 아이의 발달 단계에 맞춰 전시 내용을 접할 수 있게 도와주기 좋아요. 인터넷으로 예약해야만 전시 관람이 가능하니 꼭 예약을 하고 방문하세요.

부산 이터널저니

서점인 듯, 북카페인 듯, 혹은 작은 편집숍 같기도 한 아기자기한 공간이에요. 눈으로만 봐도 매력적인 표지의 아동 서적들이 예쁘게 진열돼 있어요. 원서 동화책들도 진열장에 예쁘게 줄지어 서 있어 책의 내부를 펼치지 않더라도 눈이 즐거워진답니다. 아이가 흥미롭게 볼만한 영상을 상영해줘서 엄마 아빠가 여유롭게 책을 구경하기에도 좋아요.

쑥쑥 자라는 아이를 위한 박물관 및 체험관

'우리 아기는 너무 어린 것 같은데 유치원생은 되어야 하지 않을까?' '박물관 내용을 잘 모르는데 데려가서 어떻게 시간을 보내지?'라는 걱정은 하지 않아도 돼요. 박물관과 체험관은 키즈 카페보다 더 편하고 유익한 나들이가 될 수 있어요.

특히 아이가 아장아장 걷기 시작하면 여름에는 시원하게, 겨울에는 따뜻하게 아이의 인지, 정서, 신체 발달에 도움이 되는 나들이 장소가 된답니다. 아이는 다양한 체험 프로그램에 참여하고 여러 교구를 만지면서 상상력을 기르는 동시에 즐거운 시간을 보내게 되지요.

박물관에서는 꼭 무엇을 배워야 한다는 고정관념을 버리고 생활 속에서 함께하는 곳으로 생각하고 방문해보세요. 관람 요금도 무료이거나 저렴한 편이니 부담도 적어요. 위험 요소가 적은 환경에서 아이가 안전하게 걷기 욕구를 충족할 때 부모는 뒤에서 함께 걸어가면 돼요.

국립민속박물관 어린이박물관

서울에 있는 대표 박물관 중 주변 사람들에게 자신 있게 추천하는 곳이에요. 상설 전시와 특별 전시로 구성돼 있고, 아장아장 걷는 돌쟁이부터도 충분히 즐길 수 있어요. 다양한 체험 프로그램이 체계적으로 운영되는 곳으로 유명해 한 번쯤 방문해볼 만한 곳이지요.

국립중앙박물관 어린이박물관

아이 눈높이에 맞춘 교육적인 전통 체험을 할 수 있어요. 박물관 외부에 도시락 쉼터가 마련돼 있어 도시락과 간식을 먹기 편해요. 박물관은 인터넷이나 현장에서 발권해야 입장이 가능하고, 이용 시간이 제한돼 있어요. 초등학생 여름, 겨울 방학 기간에는 인파가 몰리니 피하기를 추천해요.

대한민국역사박물관 역사꿈마을

대한민국 역사와 문화를 체험을 통해 재밌게 배울 수 있어요. 규모는 작지만 코너 하나하나를 체험하다 보면 관람 시간이 훌쩍 지나간답니다. 운영 시간과 전시 해설 시간이 정해져 있으니 미리 확인하고 방문하는 것이 좋아요.

전쟁기념관 어린이박물관

어린이를 위한 박물관이지만 내용이 어려운 편이에요. 엄마 아빠가 아이 수준에 맞춰 "장군님이야" 혹은 "튼튼한 성벽을 만들자"라고 설명하며 아이의 참여를 이끌어주세요. 박물관 관람 후 앞마당의 미끄럼틀 놀이터에서 놀고, 야외 전시장에서 탱크 관람을 하며 알차게 즐길 수 있어요.

둘리뮤지엄

엄마 아빠가 어릴 적에 좋아했던 둘리를 아이와 관람하며 추억에 젖을 수 있어요. 색칠하기, 그림 그리기 체험 공간과 작은 실내 놀이터가 마련돼 있어 아이와 시간을 보내기에 안성맞춤이랍니다. 아이가 둘리를 모른다면 둘리 영상을 본 후 방문하는 것도 좋아요.

농업박물관

농업 발달 역사가 시대순으로 전시돼 있어 아이가 이해하기에는 다소 어려울 수 있어요. 아이 눈높이에 맞춘 엄마 아빠의 설명이 필요해요. 유리 바닥으로 논밭을 재현해 놓은 곳에는 뱀과 개구리가 있어서 아이가 재밌게 봤답니다.

경찰박물관

1층부터 5층까지 실감나는 경찰 모형들이 전시돼 있어서 아이가 생생한 관람을 할 수 있어요. 경찰차 타기, 경찰 근무복 입기, 유치장 들어가기 등 아이가 흥미를 가질 만한 체험이 마련돼 있답니다.

고양 현대 모터스튜디오

자동차를 좋아하는 가족에게 추천하는 자동차 나라예요. 전시돼 있는 각종 자동차를 체험하는 것은 물론, 자동차가 만들어지는 과정을 체험하는 유료 체험도 가능해요. 건물 내부에 레스토랑, 카페, 숍이 모두 있어서 쾌적한 환경에서 시간을 보내기 좋아요.

인천 소리체험박물관

아담한 규모의 실내 박물관이에요. 비, 바람, 천둥 등 자연의 소리를 내보기도 하고 세계 여러 나라의 악기도 직접 연주해볼 수 있어요. 아이에게 생소한 다이얼 전화기도 접해보고 엄마 아빠의 어렸을 적 이야기를 들려주며 시간을 보내기 좋아요.

제주 세계자동차박물관

아이가 자동차를 좋아한다면 더욱 좋은 나들이 장소예요. 세계 여러 나라의 자동차를 전시한 곳이어서 아이보다 아빠가 더 좋아하기도 해요. 36개월 이하 아이는 실내에서 자동차 유모차를 이용할 수 있고, 36개월 이상 아이는 어린이 교통 체험장을 이용할 수 있어요. 야외에서는 꽃사슴도 만날 수 있어요.

제주 테디베어뮤지엄

테디베어의 역사와 상품화 과정에 대한 설명과 다양한 테디베어 인형이 전시돼 있어요. 그러나 아이는 '다양한 곰 인형' 자체 만으로도 행복해하지요. 전시관 내부의 곰 인형이 유리창 안에 들어 있어 아쉬웠다면, 정원으로 나가보세요. 조금 더 가까이에서 곰 인형을 만나볼 수 있답니다.

제주 조안베어뮤지엄

아티스트 조안 오의 작품들로 이뤄진 공간이에요. 여러 개의 건물이 자연과 어우러져 배치돼 있어 테디베어뮤지엄과는 또 다른 분위기를 느낄 수 있어요. 아이는 입장할 때 받는 미니 곰 인형만으로도 기분이 한껏 좋아지는 곳이랍니다.

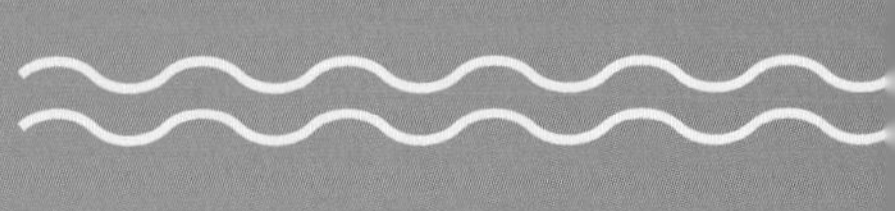

5장

신체 발달을 돕는 놀이와 나들이

운동은 소뇌가 주관해요

뇌의 뒷부분에 있는 소뇌는 뇌 영역 중에서 가장 많은 뉴런이 있는 곳이에요. 이러한 소뇌는 움직임과 운동을 비롯한 신체 활동을 관리합니다. 달리기를 하거나 킥보드를 탈 때 균형을 잡고 근육을 사용하는 기능이 소뇌에서 이뤄지는 거예요.

소뇌가 발달할수록 아이의 운동 기능이 향상되는데, 이는 아이의 학습 능력에도 영향을 미칩니다. 뉴런의 성장을 도와 학습 능력과 기억력을 향상시키는 뇌신경영양인자는 운동을 통해 생성되고 활성화되기 때문이에요. 다시 말해, 운동을 하면 뇌신경영양인자 생성이 촉진되고 그로 인해 아이의 학습 능력과 기억력이 발달하게 됩니다. 그러니 '운동선수가 될 것도 아니니까 앉아서 책 읽는 게 더 중요할 거야'라는 생각은 금물이에요. 매일 적당량의 움직임과 운동은 건강한 몸, 건강한 뇌를 위해서 필수적이랍니다.

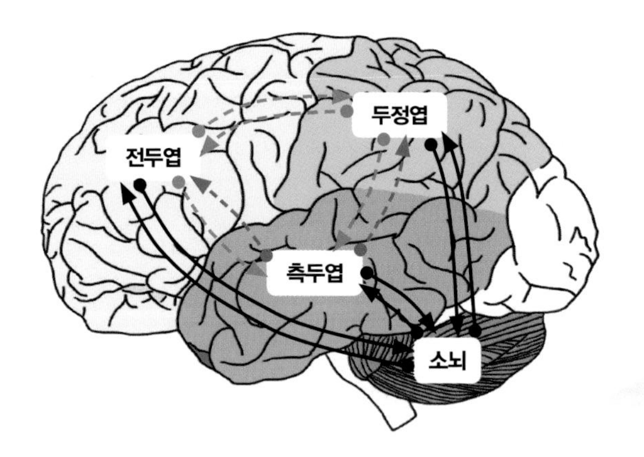

소뇌는 학습, 기억과 관련 있는 뇌의 다른 영역과 더불어 움직임을 관장합니다. 아이가 신체 활동을 하고 뛰어노는 동안에 소뇌의 신경 연결이 강화되지요. 인지 능력에 관여하는 소뇌를 발달시키기 위해서는 강도 높은 운동보다 아이가 조금씩 자주 움직이게 도와주는 것이 좋아요.

또한 운동을 하면 뇌에서 쾌감을 느끼게 하는 도파민, 정서 안정을 돕는 세로토닌, 기분을 좋게 하는 노어에프네프린 등 신경전달물질의 분비가 증가해요. 그래서 운동을 하고 땀을 흘리는 동안에 아이는 상쾌함을 느끼게 되지요.

그렇다면 이 시기의 아이는 어떤 신체 활동을 해야 뇌 발달에 도움이 될까요? 한 연구 결과에 따르면, 아이가 달리기나 자전거 타기와 같은 유산소 운동을 할수록 기억력이 향상된다고 해요. 더불어 신체 활동은 혼자서 하기보다 부모나 친구와 함께할 때 더욱 효과적이에요. 서로의 신체 접촉을 통해 유대감이 형성되기 때문이지요. 아이의 대근육과 소근육 발달 정도를 파악한 후 그에 맞는 적당한 움직임을 유도해주세요.

아이 과자로 놀아요

집에 있는 아이용 과자를 이용해 아이의 눈과 손의 협응력을 기를 수 있는 놀이예요. 기어 다니기 시작한 아이도 놀이를 할 수 있을 만큼 간단해요. 무엇보다 아이가 적극적으로 놀이에 참여하니 엄마 아빠가 조금 쉴 틈이 생긴답니다.

준비물	특징	효과
아이 과자(튀밥, 치즈볼 등)	아이가 재밌는 시간을 보낼 수 있는 것은 물론, 대근육과 소근육, 그리고 인지 발달을 도울 수 있어요. 아이 욕조에 과자를 넣고 오감 놀이를 해주는 것도 좋아요.	눈과 손의 협응력 향상, 호기심 발달, 집중력 향상, 성취감 증가, 모양에 대한 개념 이해

1 튀밥을 한 줄로 놓아주세요. 아이가 튀밥을 따라 기어가거나 걸어가며 주워 먹기 놀이를 해요.

2 튀밥을 동그라미, 세모, 네모 모양으로 놓은 후 "동그라미를 먹어보자"라고 말해주세요. 튀밥을 집어 먹으면서 도형 모양을 익힐 수 있어요.

3 아이의 발달 단계에 맞게 하트 모양, 별 모양 등을 만들어주세요. 손으로 집어 먹기 놀이도 해요.

4 다른 종류의 과자를 이용해서 다양한 모양을 만들어주세요.

더 쉽고 재밌게 놀아요

과자의 가장 끝에 엄마 아빠가 기다린 후 아이가 도착하면 까꿍 놀이를 해주는 등 아이의 성향에 맞게 과자를 이용해보세요.

다른 연령이라면?

24개월 이상이라면 과자를 한 줄씩 차례로 놓기, 구불구불하게 놓기, 세모·네모·동그라미 모양으로 놓기, 얼굴 모양으로 놓기 등 아이가 직접 해볼 수 있도록 도와주세요.

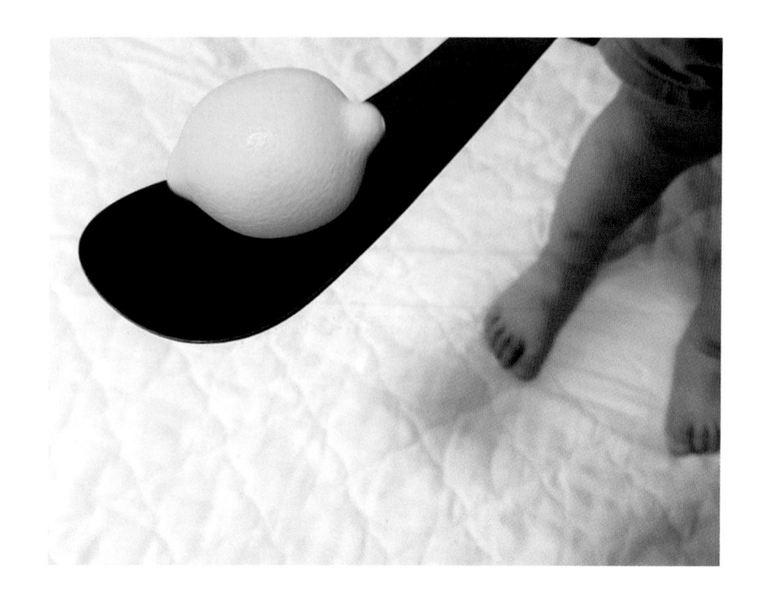

주방 올림픽

장난감보다 주방 도구에 더 호기심을 보이는 아이에게 추천하는 놀이예요. 냄비, 쟁반, 숟가락 등 주방에 있는 모든 도구가 신기한 놀이용 장난감이 된답니다. 국자와 냄비가 스포츠 기구로 변신! 주방 도구로 스포츠 선수가 돼봐요.

준비물	특징	효과
국자(또는 뒤집개), 냄비, 찜기받침(또는 체반)	주방 도구 중에 아이가 다치지 않는 안전하고 가벼운 것들을 사용했어요. 축구공 대신 수세미를 차는 아기 축구도 해봐요.	눈과 손의 협응력 향상, 집중력과 순발력 향상, 공간지각력 향상, 스트레스 해소

1 아기 하키 : 국자를 이용해서 물건을 끌어 옮겨요. 물건을 아슬아슬 목표 지점까지 가지고 가면 성공!

2 아기 농구 : 작은 물건을 냄비에 던져서 넣어요. 아이의 발달 단계에 따라서 냄비와 아이 사이의 거리를 조절해요.

3 아기 양궁 : 찜기받침 또는 체반의 구멍에 빨대나 요리하지 않은 딱딱한 소면을 끼워봐요.

더 쉽고 재밌게 놀아요

엄마의 의도와 다르게 아이만의 방식으로 놀이를 하는 경우가 있어요. 아이가 새로운 놀이를 발견하면 칭찬과 함께 아이의 방식대로 놀게 두는 것이 좋아요.

놀면서 똑똑해져요

손은 '작은 뇌'라는 표현이 있을 정도로 뇌 발달에 손 사용은 중요해요. 평소에 손을 많이 움직이면서 다양한 감각을 경험하도록 도와주세요. 아이가 손가락을 정교하게 움직일수록 뇌 발달에 더욱 효과적입니다.

다른 연령이라면?

24개월 이상이라면 각 종목의 점수를 합쳐 계산하기를 하면 수 개념을 익힐 수 있어요. 예를 들어, 공을 골인할 때마다 종이에 1점씩 쓰고, 총 20점이 되면 우승하는 것으로 목표를 정해보세요.

동동 뜨는 풍선

아이에게 언제나 인기 있는 놀이 재료 중 하나가 바로 풍선이지요. 가벼운 풍선은 어린 아이가 가지고 놀기에도 좋은 재료예요. 놀이 재료는 풍선, 놀이 준비 시간은 풍선을 부는 시간, 놀이 정리 시간은 풍선을 치우는 시간으로 간단한데 아이는 한참을 즐겁게 가지고 논답니다.

준비물	특징	효과
풍선, 그 외 집에 있는 재료들	풍선 여러 개를 아이 공간에 두면 아이가 왔다 갔다 하며 며칠 간 자유롭게 놀아요. 아이가 논 후 풍선을 활용한 다른 놀이를 알려주세요.	거리 감각 발달, 순발력 향상, 눈과 손의 협응력 향상, 집중력과 창의력 향상

1 풍선에 바람을 불어넣고 입구를 묶지 않은 상태에서 아이에게 건네주세요. 슝~ 나는 풍선 로켓이 되지요.

2 풍선에 바람을 불어 넣고 입구를 묶어요. 선풍기나 공기 청정기에 올려놓고 전원을 틀어서 멀어지는 풍선을 잡아보세요.

3 풍선을 손으로 쳐서 누가 공중에 오래오래 유지하나 시합해요. 풍선을 바닥에 떨어뜨리면 지는 거예요.

4 거실에 장난감을 세워놓아요. 풍선을 발로 차면서 장난감을 빙 돌아서 제자리로 빨리 돌아오는 시합을 해요.

더 쉽고 재밌게 놀아요

- 풍선에 빨대를 연결하거나, 눈알 스티커와 색종이를 붙여서 꾸미는 놀이도 좋아요.
- 어린 아이는 손의 힘을 조절하지 못해요. 풍선을 세게 쥐거나 손톱 끝으로 풍선을 꼬집듯이 쥘 수 있으니 주의가 필요해요.

다른 연령이라면?

30개월 이상이라면 풍선을 끈으로 묶어 고정해놓고 발로 풍선을 차는 연습을 해보세요. 아이가 잘한다면 풍선을 고정하는 위치를 조금씩 위로 올려서 높게 발차는 연습을 해봐요.

얼쑤 얼쑤 탈춤 추기

아이는 가면을 만들어 쓰고 역할놀이하는 것을 좋아해요. 폼클레이를 이용해 탈을 만들어보고 탈춤을 춰봐요. 아이가 전통 놀이와 춤에 친숙해지는 동시에 도구를 이용한 신체 표현력도 기를 수 있어요.

준비물	특징	효과
탈만들기 틀, 고무줄, 폼클레이, 휴지, 탈춤 영상	막춤을 좋아하는 아이도, 정해진 동작 따라하기를 선호하는 아이도 새로운 자극이 될 수 있는 놀이예요. 신체 활동을 자극하고 우리 것에 대한 관심을 유도할 수 있어요.	소근육과 대근육 발달, 성취감 증가, 스트레스 해소

1 탈춤 영상을 아이와 시청한 후 탈 만들기 재료를 준비해주세요.

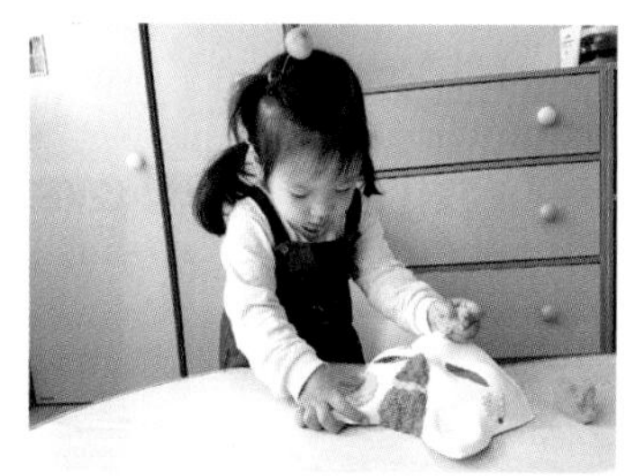

2 탈만들기 틀에 폼클레이를 알록달록하게 붙여주세요.

3 탈의 양옆에 고무줄을 연결해서 완성해요.

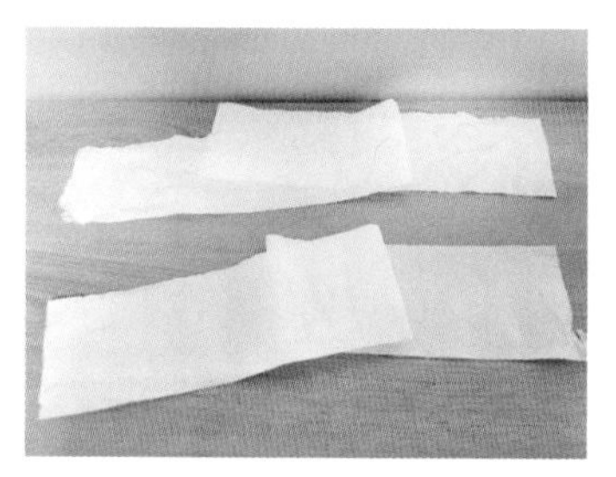

4 탈을 쓰고 양손에는 두루마리 휴지를 들고 춤을 춰봐요.

더 쉽고 재밌게 놀아요

- 탈춤과 어울리는 국악을 틀어주세요. 국악을 감상하는 기회가 된답니다.
- 가면과 안대를 싫어하는 아이에게 억지로 가면을 씌우지 말아주세요. 탈을 모자처럼 머리에 쓰고 춤을 춰도 좋아요.
- 탈춤을 추기 전에 아이와 탈춤 영상을 감상해요. 탈춤에 대한 이해를 높이고 신체 활동에 대한 동기를 유발할 수 있어요.

놀면서 똑똑해져요

- 운동할 때는 스트레스를 해소하는 엔돌핀이라는 호르몬이 분비돼요. 아이가 탈춤을 추며 자유롭게 움직일 때 스트레스가 해소됩니다.
- 아이가 탈을 쓰고 마음껏 움직일 수 있도록 시간을 충분히 주세요. 아이의 성장에 긍정적인 효과를 줍니다.

조심조심 움직여봐

물건을 몸 위에 올려서 떨어뜨리지 않고 목표 지점까지 걷는 놀이예요. 아이가 자신의 몸에 집중하고, 균형을 잡아 조심조심 움직이는 과정에서 신체 기관이 발달해요. 아이는 머리 위에 무언가를 올려만 놓아도 깔깔거리며 웃고, 머리 위에 놓은 물건이 땅에 떨어져도 재밌어해요.

준비물	특징	효과
콩주머니 인형(또는 푹신한 작은 장난감), 바구니	아이는 놀이에 성공해도 즐거워하고, 머리 위에서 물건이 떨어져도 즐거워해요. 놀이 후에도 혼자서 비슷하게 따라하며 시간을 보낸답니다.	거리 감각 발달, 호기심 발달, 관찰력과 집중력 향상, 성취감 증가

1 아이의 연령에 맞게 적당한 거리에 바구니를 두세요.

2 인형을 손바닥에 올린 채로 떨어뜨리지 않게 균형을 잡으며 바구니까지 걸어가요. 처음에는 두 손으로, 익숙해지면 한 손으로 해보세요.

3 인형을 떨어뜨리지 않고 바구니에 그대로 넣으면 성공이에요.

4 인형을 손등이나 머리에 올려서 균형을 잡는 어려운 단계로 천천히 도전해보세요.

더 쉽고 재밌게 놀아요

- 발에 떨어뜨려도 아프지 않은 작고 푹신한 물건을 사용해요.
- 중간에 물건을 떨어뜨려도 그 지점까지 성공한 것에 대해서 칭찬하고 격려해주세요.

놀면서 똑똑해져요

뇌는 긍정적인 감정을 느껴야 집중력이 높아져요. 아이가 놀이에 집중해서 즐겁게 놀 수 있도록 수용적인 분위기를 만들어주세요.

다른 연령이라면?

30개월 이상이라면 한 번에 이동시킬 물건 개수를 2~3개로 늘려서 난이도를 조절해도 좋아요.

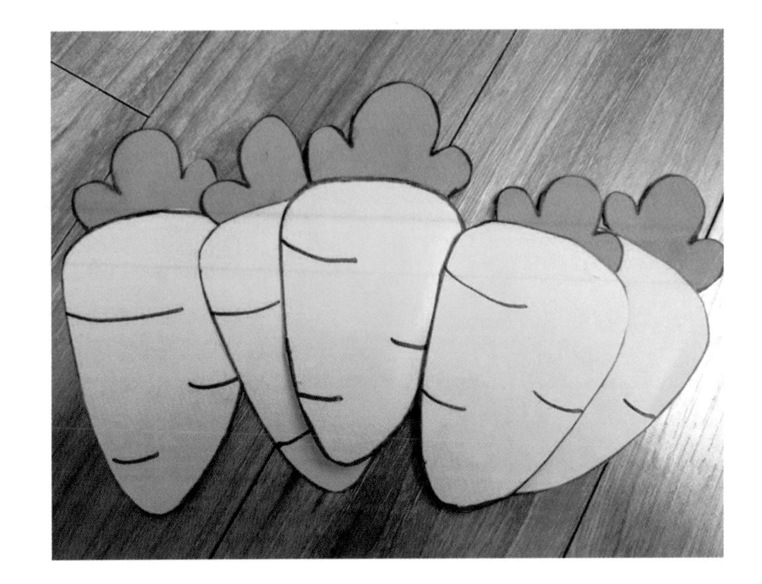

당근을 모아라!

아이는 동물에게 먹이 주는 체험을 참 좋아해요. 아이가 좋아하는 동물이 있거나 혹은 실제로 먹이 주기 체험을 했던 경험이 있다면 해당 동물을 놀이에 적용해보세요. 아이가 동물 인형에게 먹이 그림을 주고 돌아올 때 몸을 많이 쓸 수 있도록 동물 인형과 먹이 그림의 거리를 멀리 떨어뜨려주세요.

준비물	특징	효과
당근 그림, 토끼 그림(또는 인형), 주사위	'하나, 둘, 셋' 숫자 세기 연습을 함께 하면 수 개념 발달에 도움이 돼요.	수 개념과 감각 발달, 눈과 손의 협응력 향상, 집중력과 기억력 향상

1 당근 그림을 15개 정도 그린 후 오려주세요. 인터넷에서 그림을 인쇄해도 좋아요.

2 주사위를 던져요.

3 주사위 숫자를 함께 센 후 개수만큼 당근 그림을 토끼 인형에게 먹여줘요.

4 다시 반복해요.

더 쉽고 재밌게 놀아요

그림과 숫자가 함께 표현된 주사위는 평소 아이의 놀이에 다양하게 활용할 수 있어서 유용해요.

놀면서 똑똑해져요

뇌의 시냅스는 반복 학습에 의해 연결이 더 강화됩니다. 아이가 경험한 동물 먹이 주기 체험이나 책에서 본 내용과 관련한 놀이를 하면 아이 뇌 발달과 기억력 향상에 도움이 돼요.

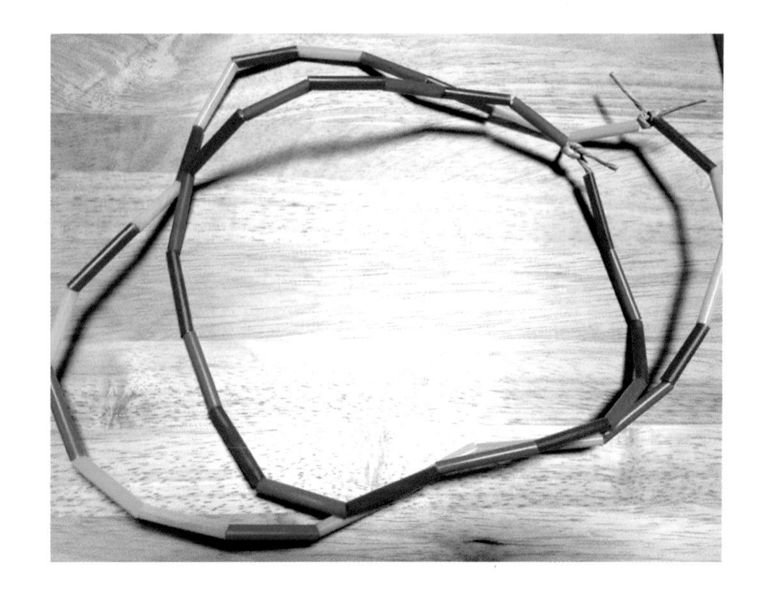

빨대로 놀아요

엄마 아빠가 어렸을 적에 만들어 본 추억의 빨대 목걸이 만들기예요. 완성한 목걸이는 장난감으로 쓰고, 끈을 풀어서 다시 놀이를 할 수 있어요. 아이와 함께 만든 빨대 목걸이를 주변 사람들에게 선물해 아이가 칭찬받는 시간을 마련해보세요.

준비물	특징	효과
색 빨대, 끈, 가위, 점토	아이가 가위로 단단한 빨대를 자르는 과정에서 소근육이 발달해요. 가느다란 끈에 빨대를 하나 둘 꽂을 때 집중력도 길러져요.	소근육 발달, 수 개념 발달, 눈과 손의 협응력 향상, 분류 능력 향상, 집중력 향상, 성취감 증가

1 다양한 색의 빨대를 약 3~4cm 간격으로 잘라주세요. 빨대를 점토에 꽂아보며 빨대와 친해지기 놀이를 해요.

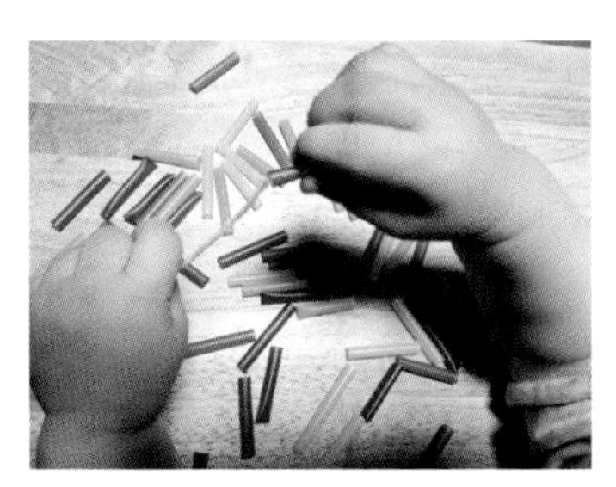

2 점토에서 뺀 빨대를 준비한 끈에 끼워요.

3 끈에 끼운 빨대를 옆으로 이동시켜요.

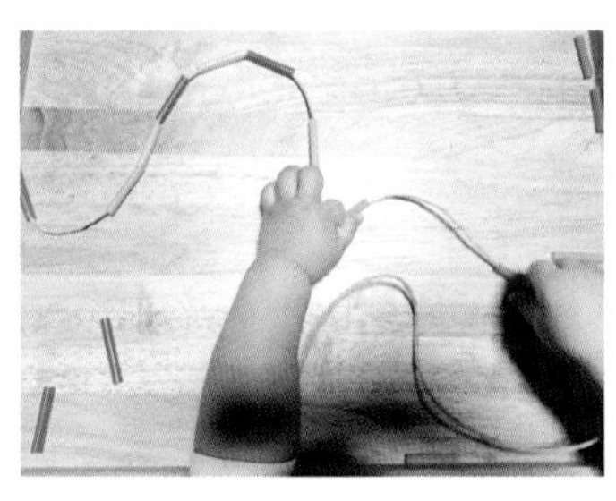

4 색깔을 규칙적으로 반복해서 끼우며 자유롭게 목걸이를 만들어봐요. 빨대를 끈에 끼웠다 뺐다 하며 놀아요.

더 쉽고 재밌게 놀아요

• 2mm 끈이 일반적인 빨대와 두께가 맞고, 끈이 구부러지지 않아서 아이가 쉽게 빨대를 꽂을 수 있어요.

• 빨대 개수가 많아지면 아이가 짜증을 낼 수 있어요. 엄마가 끈을 잡아주고 아이가 빨대를 꽂는 등 아이의 발달 단계와 성향에 맞게 함께 해주세요.

놀면서 똑똑해져요

빨대를 끈에 끼울 때 두 가지 색을 일정한 패턴으로 끼워보세요. ABAB처럼 해도 좋고, AABAAB처럼 끼우며 다양한 패턴을 인식하도록 도와주세요. 시각 발달과 일대일 대응의 수 개념 발달을 도울 수 있어요.

반짝반짝 은빛 세상

은박지 놀이는 아이의 시각, 촉각, 청각을 동시에 자극할 수 있어요. 고사리 같은 귀여운 손으로 은박지를 만지작만지작하는 아이 덕분에 엄마 아빠는 휴식 시간이 생기지요. 특히 날씨가 흐려서 야외 활동을 하지 못하는 날에 집 안에서 하기 좋아요.

준비물	특징	효과
은박지, 테이프	아이는 선물 받은 비싼 장난감보다 집에 있는 재료를 더 열심히 가지고 놀곤 해요. 은박지는 엄마 아빠 눈에는 부실해 보여도 정작 아이는 재밌게 가지고 노는 재료 중 하나랍니다.	호기심 발달, 소근육 발달, 창의력과 집중력 향상, 스트레스 해소

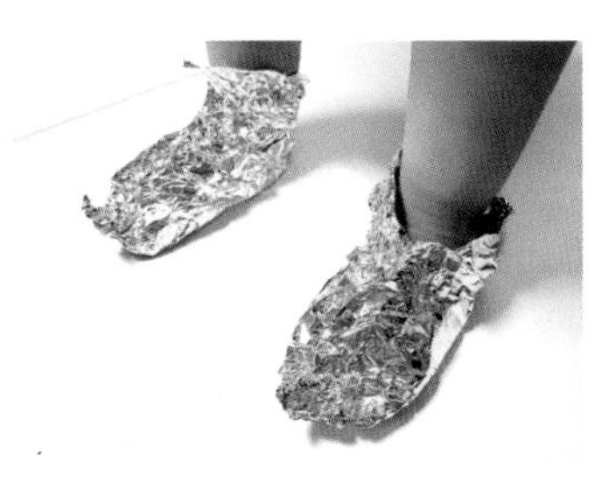

1 은박지로 장갑과 신발을 만들어 입고 걸어봐요.

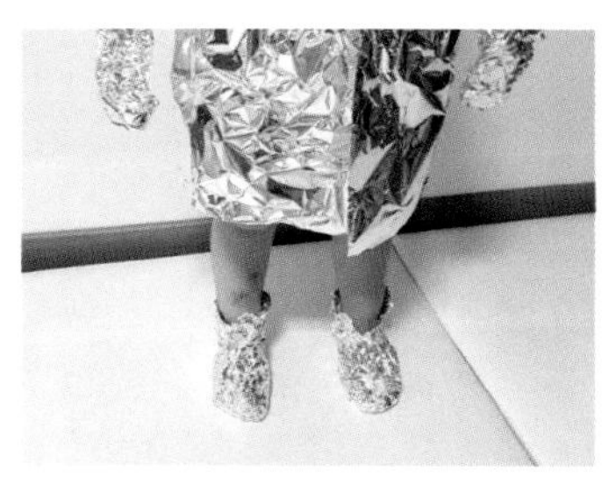

2 은박지로 모자와 옷도 만들어 입고 런웨이를 걸어봐요.

3 남은 은박지를 뭉쳐서 공을 만들어 놀아요.

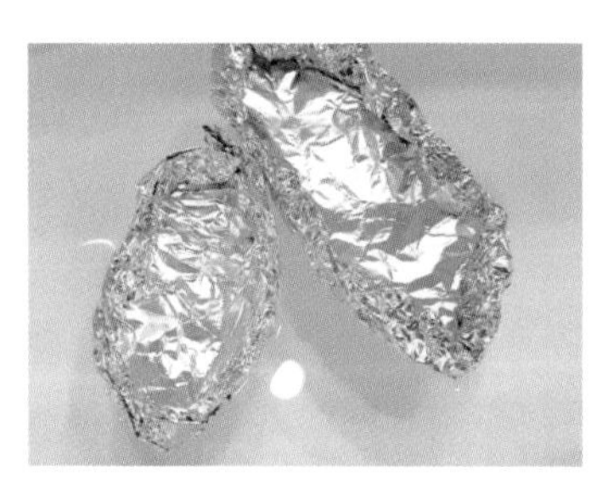

4 은박지로 배를 만들어서 물 위에 동동 띄우며 놀아요.

놀면서 똑똑해져요

물건을 포장하는 것은 시각과 공간 감각을 길러줍니다. 아이가 은박지로 다양한 물건을 포장하는 동안 손을 보다 정교하게 쓸 수 있게 됩니다.

다른 연령이라면?

36개월 이상이라면 은박지로 만든 배 위에 단추나 클립 등 가벼운 물건을 여러 개 올려보세요. 어떤 배에 가장 많은 물건을 올릴 수 있는지 알아봐요.

분필로 쓱싹쓱싹

날씨가 좋은 날, 아이가 야외에서 에너지를 실컷 쏟을 수 있는 분필 놀이예요. 야외용 분필로 바닥에 쓱싹쓱싹 그림을 그려주세요. 다양한 모양의 도형과 징검다리를 그리며 신나게 뛰놀다 보면 시간이 훌쩍 지나간답니다.

준비물	특징	효과
분필, 물통, 밀대	분필만 있으면 언제든지 밖에 나가서 놀 수 있어요. 페트병에 물을 담아가서 분필을 칠한 바닥에 물을 붓고 밀대로 쓱쓱 닦아주면 뒷정리도 간편해요.	공간지각력 향상, 순발력과 집중력 향상, 성취감 증가, 스트레스 해소

1 동그라미를 그린 후 징검다리 건너기 놀이를 해요.

2 구불구불한 길을 길게 그려서 지나가봐요.

3 달팽이 길을 만들어서 들어가기도 하고 나오기도 해봐요.

4 다 놀고 나면 물과 밀대를 이용해서 지워주세요.

더 쉽고 재밌게 놀아요

분필은 색연필이나 크레용에 비해 빨리 닳아요. 너무 아랫부분을 잡고 힘을 줘서 그리면 아이 손이 바닥에 긁힐 수 있으니 주의가 필요해요.

놀면서 똑똑해져요

아이가 자유롭게 그림을 그리며 뛰어놀 수 있게 해주세요. 뇌에 산소와 혈액 공급량이 증가해 기억력이 향상됩니다.

다른 연령이라면?

36개월 이상이라면 달팽이 길을 그린 후 아이는 안쪽에서 엄마는 바깥쪽에서 출발해요. 중간에서 만나면 가위바위보를 해요. 아이가 새로운 놀이 규칙을 만들도록 해도 좋아요.

장난감 망치로 팡팡!

어른과 마찬가지로 아이도 스트레스를 받아요. 요리하고 남은 달걀 껍데기를 재활용해서 스트레스 해소 놀이에 이용해보세요. 장난감 망치로 달걀 껍데기를 팡팡 치고 부수면서 즐거워하는 아이 모습을 볼 수 있어요.

준비물	특징	효과
달걀 껍데기, 상자, 장난감 망치, 접시	집에 있는 재료를 활용해서 손쉽게 할 수 있는 놀이예요. 아이의 스트레스 해소 및 정서 안정에 좋아요. 아이는 놀이가 인상 깊었는지 달걀 껍데기를 모아놓지 못했는데 종종 달걀 껍데기 놀이를 하자고 했어요.	소근육 발달, 공간지각력 향상, 힘과 방향 조절력 향상, 성취감 증가, 스트레스 해소

1 요리 후 남은 달걀 껍데기를 모아 뒀다가 깨끗하게 씻어주세요.

2 달걀 껍데기를 말린 후 상자에 넣어요.

3 장난감 망치로 달걀 껍데기를 열심히 부숴봐요.

4 잘게 부숴진 달걀 껍데기를 이용해서 자유롭게 놀아요.

더 쉽고 재밌게 놀아요

- 달걀 껍데기를 상자에 넣고 부숴야 사방으로 튀는 것을 방지할 수 있어요.
- 달걀 껍데기를 잘 말리지 않으면 비린내가 나요.

놀면서 똑똑해져요

스트레스를 받으면 스트레스 호르몬인 코르티솔이 발생해 뇌의 시냅스 형성을 방해해요. 스트레스 해소 놀이는 아이의 뇌 발달에 방해가 되는 코르티솔 발생을 줄여준답니다.

다른 연령이라면?

36개월 이상이라면 잘게 부숴진 달걀 껍데기를 모아 스케치북에 붙여서 그림 그리기에 활용해보세요.

무슨 장면일까?

동화책 속 장면이나 등장인물의 동작을 따라해보는 놀이예요. 인물의 동작을 움직임으로 표현하면 인물이 처한 상황과 인물의 감정을 더욱 깊게 이해할 수 있어요. 이는 교육 연극의 기초가 되는 활동이기도 해요.

준비물	특징	효과
동화책	아이가 등장인물의 행동을 움직임으로 표현하는 과정을 통해 이야기를 더욱 깊게 이해하게 됩니다. 더불어 아이가 가진 신체 에너지를 효과적으로 방출할 수 있어요.	소근육과 대근육 발달, 집중력과 이해력 향상

1 아이와 함께 동화책을 읽어요.

2 동화책 속 장면에 대해 함께 이야기를 나눠요.

3 동화책을 덮고 책 속 한 장면을 몸으로 표현하도록 해주세요.

4 부모는 아이의 동작이 어떤 장면인지 맞혀주세요.

더 쉽고 재밌게 놀아요

- 동작으로 표현할 장면이 많은 동화책을 미리 선정해주세요.
- 아이가 표현하기를 어려워한다면 부모가 먼저 동화책 속 장면을 신체로 표현한 후, 아이가 맞혀보도록 유도해주세요.

놀면서 똑똑해져요

아이가 표현한 동작이 어떤 장면인지 모르겠으니 힌트가 필요하다고 해주세요. 그리고 아이가 대략적인 장면을 말로 설명할 수 있도록 유도해주세요. 자신이 이해한 내용을 말로 표현하며 언어 표현력을 기를 수 있어요.

물놀이와 함께 하는 호텔 나들이

몸 전체를 사용하는 운동은 아이 뇌를 균형 있게 발달하는 데 효과적이에요. 신체 활동을 많이 한 아이일수록 기억력이 뛰어나다는 연구 결과도 있어요. 특히 물속에서 자세를 잡고 균형 감각을 요구하는 수영은 전두엽을 의식적으로 활성화시켜 집중력과 기억력을 향상시키는 데 도움이 됩니다.

아이가 물을 좋아한다면 호캉스를 떠나보세요! 호텔마다 수영장 환경과 키즈 프로그램 운영 여부가 다르니 미리 확인하고 방문하면 더욱 알찬 나들이가 될 수 있어요. 또한 젖병 소독기, 아기침대, 베이비 편의 시설을 갖춘 곳도 있으니 미리 확인하고 예약하면 짐을 줄일 수 있어요. 호텔에 비해 경제적 부담이 덜한 레지던스에는 각종 주방용품이 갖춰져 있어 아이를 동반한 가족이 이용하기 편리해요.

포시즌스 호텔 서울

아이와 함께라면 차가 막히는 서울 시내 나들이는 쉽지 않지요. 이럴 때 이용할 만한 호텔이에요. 객실 내부가 비교적 넓은 편이고 키즈 패키지를 예약하면 아이가 좋아하는 벙커형 텐트를 설치해줘서 아이와 함께 방에서 놀기에 안성맞춤이에요.

경원재 앰배서더 인천

송도의 아파트 빌딩 속에 위치한 한옥 호텔이에요. 예쁜 옷을 입고 아이와 함께 사진을 찍기에도 좋은 곳이랍니다. 객실 바닥이 온돌로 돼 있고, 소독기를 비롯한 각종 아기용품 대여가 가능해 걷지 못하는 아이와 지내기에도 좋아요.

그랜드 워커힐 서울

아이와 캠핑을 즐기는 캠핑인더시티, 도심 속 정취를 느끼며 수영하는 리버파크, 다양한 교구와 장난감이 가득한 키즈 클럽, 그리고 라이브러리까지. 다양한 즐길거리가 가득한 곳이에요. 부모도 아이도 즐겁게 시간을 보낼 수 있답니다.

반얀트리 클럽 앤 스파 서울

따뜻한 릴랙세이션 풀이 있는 객실에서 아이가 튜브와 장난감을 동동 띄워놓고 놀아서 엄마는 휴식 시간을 가질 수 있지요. 릴랙세이션 풀이 있는 객실은 여름에는 높은 습도로 호불호가 갈릴 수 있어요. 그 외 아기욕조, 아기침대, 침대가드, 범퍼침대 등 아기용품을 이용할 수 있어요.

노보텔스위트 앰배서더 용산

용산역 아이파크몰 옆에 위치해 아이와 다양한 활동을 하며 시간을 보내기 좋은 곳이지요. 수영장에는 키즈존이 따로 마련돼 있지 않지만, 겨울에도 아이와 함께 수영이 가능할 정도로 물이 따뜻해요. 용산 전경을 바라보며 수영을 할 수 있는 공간이랍니다.

가평 마이다스호텔&리조트

교육기업에서 운영하는 호텔로 아이를 위한 세심한 배려가 돋보여요. 복층 객실의 2층 다락에는 다양한 책이 마련돼 있어 아이가 애착을 갖는 공간이에요. 클레이와 쿠킹 등 키즈 프로그램과 아이를 위한 편의 시설이 준비돼 있어 아이와 무리없이 방문할 수 있는 호텔이에요.

서울 신라호텔

대부분의 엄마가 육아 스트레스를 풀며 만족스러운 시간을 보내기 좋아요. 침구를 비롯한 객실 컨디션, 맛있는 조·석식과 더불어 신라호텔의 장점 중 하나는 서비스예요. 아기욕조, 아기침대, 공기 청정기, 가습기, 친환경 어린이 베개 등의 아기용품 이용이 가능해요. 실내 수영장은 평일에는 성인만 이용할 수 있으니 예약 시 확인해보세요.

인천 파라다이스 시티

실내외 수영장과 키즈존, 모래가 깔린 야외 놀이터, 플레이스테이션존 등 아이에게 그야말로 파라다이스예요. 수영장에는 아이용 튜브가 구비돼 있고, 온수가 나오는 실내 수영장의 가장 얕은 곳은 18개월인 아이도 아장아장 물속을 걸어 다니며 놀 수 있어요. 아기침대, 침대가드, 변기커버, 젖병 소독기, 아기욕조, 아기발판 등의 아기용품 이용이 가능해요.

그랜드 힐튼 서울

프로모션이나 특가 상품이 생겼을 때 이용하면 부담이 덜해요. 키즈룸이 따로 없지만, 물놀이만으로도 만족하는 아이의 경우 방문하기 적당해요. 실내 수영장은 큰 창으로 빛이 들어와서 야외에 있는 것처럼 밝고 쾌적해요. 아기침대를 이용할 수 있어요.

서울 메이필드 호텔

자연 속에서 여유롭고 조용하게 산책할 수 있어서 조부모, 부모, 아이 3대가 함께 방문하기 좋은 곳이에요. 수영장과 아담한 키즈 클럽을 갖추고 있어요. 아기침대, 침대가드, 아기욕조 등의 아기용품을 이용할 수 있어요.

힐튼 부산

모든 객실에는 전망을 감상하며 반신욕을 즐길 수 있는 욕조가 갖춰져 있어요. 객실과 침대가 넓은 편이라 엑스트라베드를 추가하지 않고 이용하는 데 무리가 없답니다. 10개월 미만의 아이라면 아기침대를 이용할 수 있어요. 그밖에 가습기와 아기용품도 이용 가능하니 미리 안내 데스크에 말해놓는 것이 좋아요.

힐튼 경주

유아동반 라운지, 유레카(수영장), 안녕경주야(키즈 카페), 레이크사이드(뷔페) 시설을 갖추고 있어요. 보문호와 연결된 산책로를 걸으며 호텔을 벗어나지 않고도 충분히 시간을 보낼 수 있어요. '안녕경주야'는 첨성대와 다보탑 등 아이가 다양한 놀거리를 즐길 수 있는 키즈 카페랍니다.

제주 신라호텔

산책로, 다양한 키즈 프로그램, 짐보리 키즈 클럽, 더파크뷰, 수영장이 갖춰져 있어 꼭 찾게 되는 곳이에요. 야외 수영장과 실내 수영장은 아이의 수영 욕구를 자극하기에 충분하지요. 36개월 이상의 아이는 실내외 체험 프로그램에 참여할 수 있어요. 어린 아이도 함께 할 수 있는 동물 먹이 주기 체험이 마련돼 있으니 미리 확인하면 좋아요.

롯데호텔 제주

웅장하고 이국적인 로비와 수영장이 특징이에요. 밤이면 반짝반짝 예쁜 야경을 바라보며 산책하기에도 좋답니다. 야외 수영장에는 유아슬라이드, 자쿠지, 사우나, 카바나가 갖춰져 있어 아이와 함께 이용하기에도 불편함이 없어요. 그밖에 키티룸과 온돌룸 등 아이와 함께 이용할 수 있는 시설이 있어요.

강원 소노펠리체

리조트 내부에 작은 테마파크를 비롯한 각종 편의시설이 갖춰져 있어요. 리조트를 벗어나지 않고도 아이와 충분히 즐거운 시간을 보낼 수 있답니다. 겨울에는 눈썰매장, 여름에는 워터파크를 이용할 수 있어 아이가 스포츠 활동을 하기에도 좋아요.

아이와 산책하는 공원 나들이

아이가 주변 세상을 적극적으로 탐색해서 얻은 정보는 아이 뇌를 발달시켜요. 아이와 함께 공원을 산책하며 세상의 다양한 색과 형태를 탐색하는 기회를 마련해보세요. 공원 산책을 하며 땅에 떨어진 잎이나 작은 나뭇가지, 열매껍질 등은 아이가 놀이에 창의적으로 활용할 수 있는 놀잇감이 되기도 합니다. 아이가 직접 하고 싶은 놀이를 선택하고, 신체를 마음껏 움직일 수 있는 공간은 아이의 뇌 발달에 긍정적인 영향을 주지요.

어린 아이와 외출하기 전에 방문 예정인 공원과 인근 지역의 수유실 유무, 유모차 대여 가능 여부에 대해 미리 확인하면 마음이 한결 편해요. 아이의 성향과 날씨를 고려해서 음료와 간식, 돗자리, 얇은 담요, 다양한 놀잇감(킥보드, 공, 연 등)을 함께 챙겨가는 것도 도움이 됩니다.

여의도공원

높은 빌딩들로 둘러싸인 도심 속 작은 숲에서 육아 스트레스를 덜어보는 것은 어떨까요? 특히 자연 생태의 숲은 '여의도 한가운데 이런 공간이 있었단 말이야?'라는 말이 나오는 곳으로 피톤치드를 마시며 산책하기 좋아요. 인근에 IFC몰, 한강공원, 63빌딩, 헌정기념관이 있어서 함께 여의도 나들이를 하기 좋아요.

서울숲

나비 정원, 곤충 식물원, 어린이 전용 모래 놀이터, 숲속 놀이터, 거울 연못, 바닥 분수 등 아이가 안전하게 놀 만한 요소가 많아요. 생태 숲에서는 예쁜 꽃사슴에게 먹이를 줄 수 있어요. 방문자센터에서는 수유실과 유모차 대여 서비스를 이용할 수 있어요.

서울 월드컵공원

월드컵공원은 5개의 테마공원(평화의 공원, 하늘공원, 노을공원, 난지천공원, 난지한강공원)으로 구성돼 있어요. 유모차로 산책하거나 아이가 걷고 뛰며 놀기에는 평화의 공원을 추천해요. 공원 내부에 있는 서울에너지드림센터는 건물 전체가 큰 창으로 돼 있어 채광이 좋아요. 전시 관람과 수유실 등을 이용할 수 있는 곳이에요.

서울 선유도공원

예쁜 공원을 배경으로 아이 사진을 찍는 재미가 쏠쏠해요. 수유실이 잘 갖춰져 있고, 유모차로 산책하기 편해 어린 아이와 함께 방문하기 좋아요. 지하철을 이용해 방문할 경우 그늘이 전혀 없는 다리를 지나가야 해서 모자를 챙겨가면 좋아요.

북서울 꿈의숲

서울에서 4번째로 큰 공원이에요. 산으로 둘러싸여 풍광이 더욱 아름다워요. 꿈의숲 아트센터와 상상톡톡 미술관이 있어 문화 생활도 함께 할 수 있답니다. 잔디밭이 잘 조성돼 있어 아이가 뛰어놀기 좋아요. 입구에 있는 방문자센터에서는 수유실 및 유모차 대여 서비스를 이용할 수 있어요.

올림픽공원

데이트 스냅, 돌 스냅, 주니어 스냅 등 각종 스냅 사진을 찍는 곳으로 유명해요. 평화의 문 근처에 있는 조형물 사이로 찍은 사진도, 나홀로 나무 앞에서 찍은 사진도 익숙한 장면이지요. 공원 내부에 미술관과 공연장이 있어서 공원을 넘어 복합문화 공간처럼 느껴지는 곳이에요.

하남 미사리 조정경기장

계절별로 달라지는 풍경이 한눈에 들어오는 곳이에요. 공놀이와 자전거 타기 등 다양한 활동을 할 수 있어 자주 방문하게 돼요. 봄에는 봄꽃, 가을에는 단풍이 가득 피어서 풍경을 감상하기에도 좋아요.

파주 임진각 평화누리공원

탁 트인 넓은 공간이 복잡한 마음을 차분하게 해주는 곳이에요. 다양한 놀이 활동이 가능해 아이가 즐거워해요. 공원 입구에 수유실이 있고, 매점에서는 연을 비롯한 다양한 놀잇감을 구매할 수 있어요.

수원 광교 호수공원

언덕 위로 가지런히 심어진 나무와 중간중간 설치된 벤치 조형물이 고즈넉한 정취를 풍겨요. 주변에 늘어선 아파트, 숲, 넓은 호수, 그리고 그 주변을 따라 늘어진 나무 난간이 어우러져 새로운 풍경을 자아내지요. 여름이면 바닥 분수와 물보석 분수에서 물놀이를 하는 아이들로 북적북적해요.

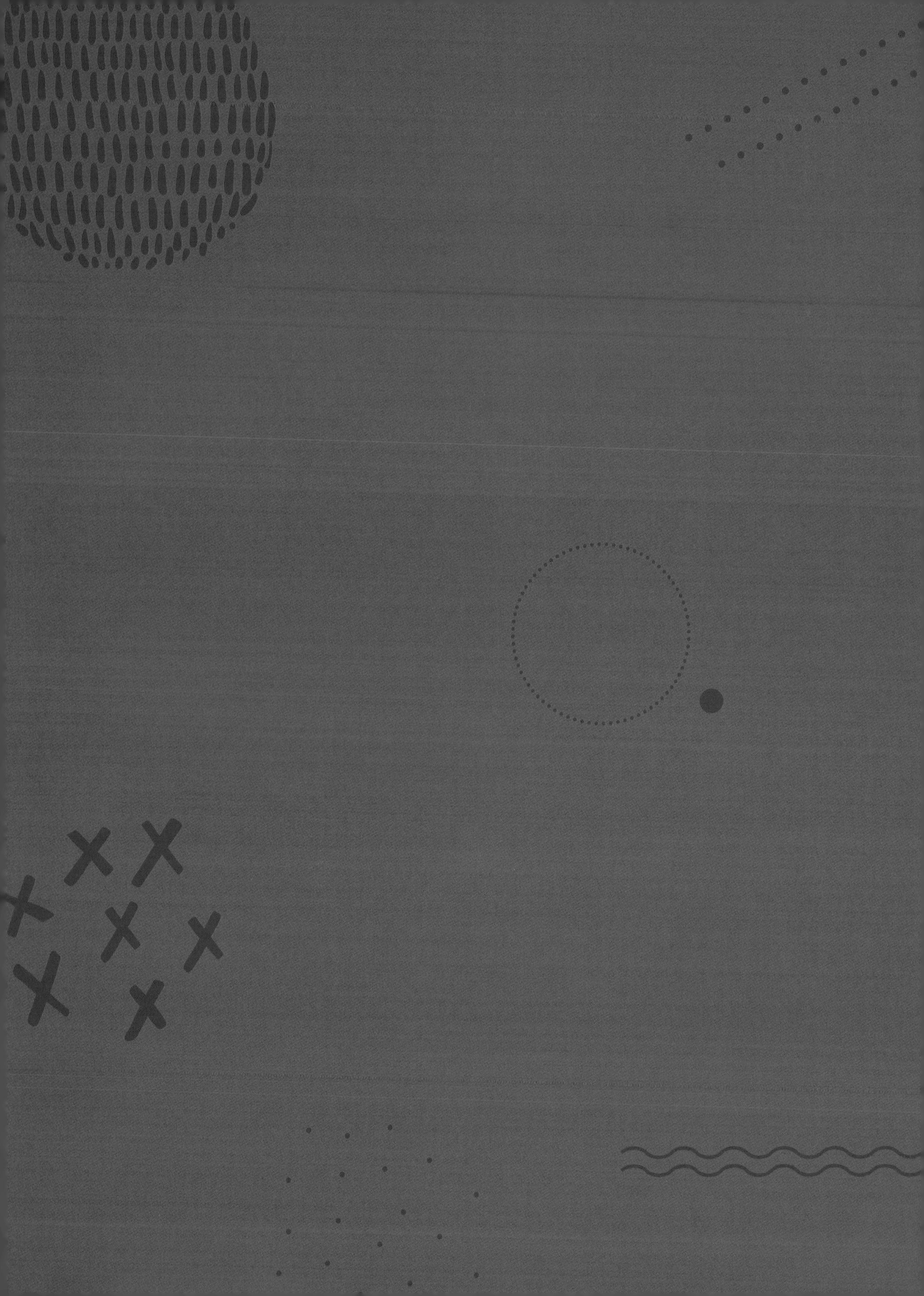

6장
정서 발달을 돕는 놀이와 나들이

변연계와 전두엽은 감정을 조절해요

아이의 정서는 생애 초기부터 발달합니다. 정서는 감정을 느끼고 표현하는 것 이상의 기능을 해요. 아이는 정서를 통해 주변 사람과 환경에 적응하고, 관계를 유지하거나 변화시켜 나갑니다. 또한 의사소통을 하고 동기를 유발하며, 죄책감을 느껴 도덕적인 행동을 하게 되지요. 이처럼 정서는 타인과의 관계 속에서 다양한 기능을 하며 아이의 마음에 여러 가지 감정을 일으킵니다.

감정을 느끼고 표현하고 조절하는 기능은 변연계와 전두엽에서 담당합니다. 이 둘은 끊임없이 상호작용을 하며 감정을 조절하지요. 변연계는 기쁨, 슬픔, 두려움과 같은 1차적인 감정을 느끼고 발생시키는 본능적인 기능을 합니다. 아이는 생애 초기에 대부분의 감정이 형성돼요. 신생아 때는 흥미, 괴로움, 혐오와 같이 비교적 단순한 감정이 발달해요. 그러나 몇 개월 후 감정이 점차 세분화돼 즐거움, 분노, 공포, 슬픔의 감정을 느끼게 됩니다. 돌이 지나면 질투, 당황

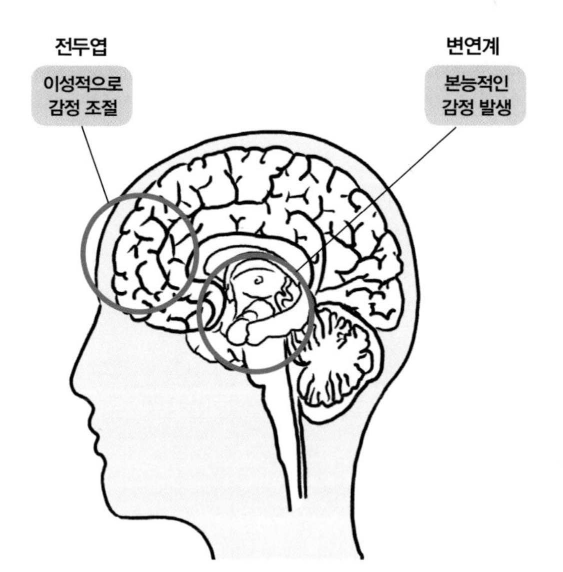

우리가 어떤 대상이나 사건에 특별한 감정을 갖고 판단하는 데에는, 주로 변연계와 전두엽이 관여해요. 변연계는 새로 들어온 정보가 위험한 것인지 아닌지 대략적으로 판단하게 하고, 전두엽은 이를 이성적으로 종합하고 흥분을 억제시켜 우리가 사회적으로 적절한 행동을 하도록 통제하지요.

스러움, 창피함, 죄책감과 같이 두 가지 이상의 복잡하게 섞인 감정을 경험하게 되지요.

반면 전두엽은 감정을 조절하고 통제하는 이성적인 기능을 통해 정서를 관리합니다. 더불어 타인의 표정을 보고 감정을 이해하는 기능을 해요. 그래서 영유아기부터 아이는 엄마 아빠의 표정을 보고 부모의 감정을 이해할 수 있게 됩니다.

생후 36개월이 되면 아이도 성인과 같이 복합적인 감정을 느끼게 됩니다. 이를 기반으로 성격이 형성되지요. 이 시기에는 다양한 감정을 긍정적으로 경험하고 스스로 조절하는 능력을 키워줄 필요가 있어요. 이번 장에서는 아이의 사회성과 자아존중감을 발달시키는 놀이와 다양한 정서를 경험하고 표현할 수 있는 놀이를 소개합니다.

한지로 빚은 동글동글 떡

한지의 알록달록한 색과 특유의 촉감을 느낄 수 있는 놀이예요. 한지를 물속에서 만져보고 뭉쳐보고 물기를 쭉 짜보며 자유롭게 놀아요. 한지 떡을 동글동글하게 빚었다가 다시 풀어보기를 반복하는 동안 아이의 소근육이 발달해요.

준비물	특징	효과
한지(또는 한지 색종이), 대야, 물	신문지나 휴지를 물 속에 넣어서 뭉친 후 신문지 죽, 휴지 죽을 만들어 놀았던 경험이 있나요? 아이가 다양한 색깔도 함께 느낄 수 있도록 한지 죽을 만들어보는 것은 어떨까요?	색채 감각 발달, 무게 감각 발달, 눈과 손의 협응력 향상, 힘 조절력 향상, 정서 안정

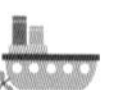

1 대야에 물을 담고 한지를 찢어서 넣어주세요.

2 한지가 물속에서 불어나며 촉감이 달라지는 것을 느껴봐요.

3 덜 찢어진 한지를 물속에서 찢어 주세요.

4 물기를 쭉 짜서 동그랗게 뭉치며 떡을 빚어봐요.

더 쉽고 재밌게 놀아요

한지는 그냥 찢는 것보다 물을 묻히면 더 잘 찢어져요. 아이가 어려서 한지 찢기를 어려워하면 엄마 아빠가 옆에서 도와주세요.

놀면서 똑똑해져요

한지를 찢는 활동을 통해 스트레스를 해소할 수 있어요. 아이에게 한지 색깔을 알려주며 한 장씩 건네면 시각, 촉각, 청각을 자극하는 동시에 색 이름도 익힐 수 있어요.

다른 연령이라면?

36개월 이상이라면 한지를 꽁꽁 뭉쳐서 화장실 벽에 던져봐요. 물건을 벽에 던지는 행동은 평소에는 금지된 행동이에요. 그래서 아이는 더 신나게 던지며 즐거운 시간을 보내게 되지요. 벽에 테이프나 목욕 용품으로 표시를 한 후 표시된 과녁을 정확히 맞추는 놀이를 해도 재밌어요.

가짜 눈밭에 나무 심기

베이킹소다로 집에서 간단하게 가짜 눈을 만들어봐요. 제법 포슬포슬해서 진짜 눈 같은데 향긋한 향기가 나요. 진짜 눈과 촉감, 생김새 등을 비교해보며 놀아도 좋아요. 모래를 가지고 놀듯 아이가 자유롭게 놀 수 있도록 충분한 시간을 주세요.

준비물	특징	효과
베이킹소다, 린스, 대야, 이쑤시개, 컵	20개월 무렵의 아이는 혼자 눈을 뭉쳐서 모양을 만들기 어려워요. 부모가 눈을 뭉쳐줘서 놀이를 도와주세요.	호기심 발달, 집중력과 창의력 향상, 정서 안정, 스트레스 해소

1 베이킹소다에 린스를 조금씩 넣어 가며 원하는 질감이 될 때까지 섞어주세요.

2 엄마가 눈을 뭉쳐주세요. 아이는 뭉친 눈을 풀어서 가루로 만들어 봐요.

3 이쑤시개를 이용해서 나무 심기 놀이를 해요.

4 〈펄펄 눈이 옵니다〉 노래를 부르며 아이 손바닥과 손등에 눈을 솔솔 뿌려주세요. 컵에 눈을 담았다가 뿌리며 자유롭게 놀아요.

더 쉽고 재밌게 놀아요

- 적은 양으로 놀려면 베이킹소다 1컵에 린스 3큰술을 섞어주세요. 많은 양으로 놀려면 베이킹소다 3컵에 린스 1/2컵을 섞어주세요.
- 베이킹소다 대신 베이킹파우더를, 린스 대신 컨디셔너를 사용해도 돼요.
- 놀이의 시작은 쉽지만 뒷정리가 번거로울 수 있어요. 바닥에 비닐이나 종이를 깔고 놀거나 욕실에서 놀아도 좋아요.

놀면서 똑똑해져요

아이가 정서적으로 안정을 느껴야 호기심, 집중력, 상상력이 생기게 됩니다. 놀이를 할 때 아이가 안정을 느낄 수 있는 편안하고 수용적인 환경을 조성해주세요.

우유갑 청사초롱 만들기

전통 공예의 아름다움을 느낄 수 있는 놀이예요. 아이가 한지에 서툴게 그린 그림이 엄마 아빠의 손을 거쳐 멋진 작품으로 탄생한답니다. 2~3개를 만들어서 집 안에 전시하면 멋진 인테리어 효과를 낼 수 있어요.

준비물	특징	효과
우유갑, 한지(또는 한지 색종이), 풀, 물감, 끈(낚싯줄 또는 실)	작품을 아이의 눈높이에 걸어두면 아이는 "이거 내가 물감으로 톡톡했지~"라며 뿌듯함과 만족감을 느껴요. 이러한 감정은 긍정적인 자아 개념 형성에 도움이 됩니다.	소근육 발달, 눈과 손의 협응력 향상, 아름다움을 보는 재미 증가, 성취감 증가

1 우유갑을 깨끗이 씻어 말린 후 윗부분을 잘라주세요. 우유갑 바닥에 구멍을 두 개 뚫고 끈을 연결해 주세요.

2 한지에 자유롭게 그림을 그려요. 한지의 한 변 길이를 27.5cm로 오려두면 좋아요.

3 완성된 그림을 우유갑에 붙여주세요. 5.5cm씩 길쭉하게 접어서 붙이면 더 반듯하게 붙일 수 있어요.

4 색종이로 띠를 만들어 윗부분에 둘러주세요.

더 쉽고 재밌게 놀아요

- 그림을 그릴 때 물감을 면봉으로 찍거나 붓을 이용해도 좋고, 빨대로 불어도 좋아요.
- 마지막에 붙이는 색종이 띠는 색종이 대신 색한지를 사용하면 한국적인 느낌을 더욱 살릴 수 있어요.

다른 연령이라면?

- 36개월 이상이라면 한지 밑에 샘플 그림을 두고 붓펜이나 사인펜을 이용해 따라 그려보도록 도와주세요. 완성한 후에 물감이나 색연필로 색칠해주세요. 더욱더 멋진 작품이 완성됩니다.
- 전통 미술 작품이나 그림을 통해 청사초롱을 관찰하고 "이 물건의 용도는 무엇일까?"와 같이 쓰임새에 관해 이야기를 나눠요. 추상적인 사고력과 언어 표현력을 기르는 데 도움이 됩니다.

동물이 좋아하는 음식 만들기

"토끼는 무엇을 먹지?", "고양이는 무엇을 먹지?" 동물이 좋아하는 먹이로 주방 놀이를 해봐요. 동물에 대한 관심을 유도할 수 있을 뿐만 아니라, 동물의 특징과 습성에 대한 이야기도 나눠 볼 수 있어요.

준비물	특징	효과
동물 인형, 음식 모형, 그릇, 포크	"토끼는 어떻게 뛰지?"– 깡충깡충. "고양이는 어떻게 울지?"– 야옹야옹. 이 단계가 지난 아이와 함께하기 좋은 놀이예요. 동물마다 좋아하는 먹이가 다르고, 특징이 다르다는 사실을 이해하고 공감 능력을 기를 수 있어요.	소근육 발달, 자연 지능 발달

1 다양한 먹이 모형을 준비해주세요. 먹이 모형이나 장난감 혹은 인쇄한 것도 좋아요.

2 동물 인형을 모아봐요.

3 각 동물이 좋아하는 먹이를 그릇에 담아요.

4 동물들에게 밥상을 차려준 후 "토끼야, 당근 맛있어?"라며 이야기도 나눠요.

더 쉽고 재밌게 놀아요

판다가 좋아하는 대나무, 토끼가 좋아하는 당근, 다람쥐가 좋아하는 도토리, 원숭이가 좋아하는 바나나, 고양이가 좋아하는 생선 등을 준비했어요. 도토리와 대나무는 먹이 모형이 없어서 인쇄해서 사용했어요.

놀면서 똑똑해져요

- "원숭이는 정말 그럴까?" 각 동물에 대한 추가 질문을 던져주세요. 아이가 질문에 답을 찾기 위해 스스로 책을 펴본다면 더욱 유익한 놀이가 되지요.
- "엄마는 무엇을 좋아하지?", "아빠는 무엇을 좋아하지?"와 같은 추가 질문도 좋아요. 사람마다 선호하는 것이 다를 수 있다는 사실을 이해하는 것은 정서 발달에 도움이 됩니다.

다른 연령이라면?

36개월 이상이라면 초식 동물과 육식 동물을 분류해볼 수 있어요. 토끼와 기린처럼 풀을 먹는 동물은 초식 동물, 사자와 호랑이처럼 다른 동물을 잡아먹는 동물은 육식 동물이라고 설명해주세요.

단풍잎 그림 그리기

가을이 되면 길가에 낙엽이 한가득 떨어져 있지요. 수집 본능이 강한 아이는 예쁜 나뭇잎을 찾는다고 한참을 서성이기도 해요. 아이와 함께 예쁜 나뭇잎을 찾아 책 사이에 끼워서 말리고 이를 놀이에 활용해보세요..

준비물	특징	효과
낙엽, 목공풀, 인형눈, 사인펜, 스케치북, 색연필	낙엽의 다양한 형태를 탐색하고 원하는 모양에 맞게 붙이며 상상력을 자극할 수 있어요. 아이가 바닥에 떨어진 낙엽을 보고 "이걸로 물고기를 만들면 되겠다!"라며 먼저 아이디어를 내기도 한답니다.	소근육 발달, 형태 재구성력 향상, 상상력과 창의력 향상

1 낙엽을 책 사이에 끼워서 말려주세요.

2 마른 낙엽을 탐색해봐요. 이때 부모가 특정 형태를 만들어서 예시를 보여주세요.

3 아이가 자유롭게 형태를 꾸며볼 수 있도록 도와주세요.

4 인형눈, 사인펜, 색연필로 꾸며서 작품을 완성해요.

더 쉽고 재밌게 놀아요

- 스스로 형태를 만들기 어려운 아이라면, 부모가 스케치북에 사람 얼굴을 그리고 머리카락 대신 낙엽을 붙여보는 등 특정 형태를 지정해주세요.
- 스케치북에 나무, 풀, 호수 등 그림을 그려놓고 시작하면 더욱 훌륭한 작품을 만들 수 있어요.

놀면서 똑똑해져요

사인펜으로 낙엽에 다양한 얼굴 표정을 그려주세요. 나뭇잎이 어떤 감정인지, 왜 그런 감정을 느끼게 됐는지 이야기를 나눠봐요. 표정을 보고 감정을 이해하는 활동은 전두엽을 자극해요.

다른 연령이라면?

24개월 이상이라면 책을 읽고 가장 인상 깊었던 장면을 낙엽으로 표현해봐요. 책 내용을 이미지화하는 훌륭한 독후 활동이 될 수 있어요.

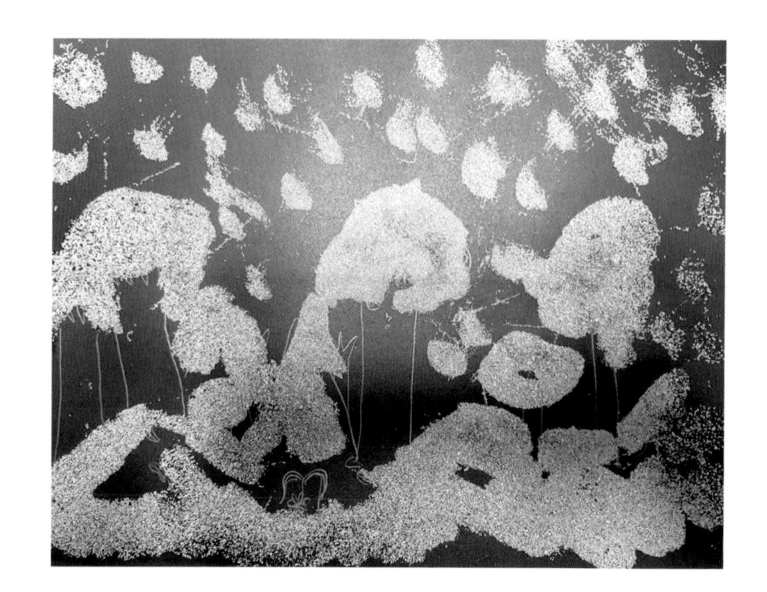

설탕으로 그린 숲

〈펄펄 눈이 옵니다〉 노래를 부르며 검정 색지 위에 설탕 눈을 솔솔 뿌려서 눈 덮인 숲을 그려 봐요. 놀이 도중에 아이 입에 들어가도 안심이에요. 오히려 아이 입에 들어가면 아이가 좋아하며 더 먹으려고 하는 귀여운 모습을 볼 수 있답니다.

준비물	특징	효과
검정 색지, 설탕, 흰색 크레용, 풀	아이가 설탕을 먹고 '음~'하며 달콤한 맛을 음미해요. 설탕 찍어 먹기에 심취해서 만족도가 높지요.	오감 발달, 호기심 발달, 눈과 손의 협응력 향상, 상상력 향상, 스트레스 해소

1 검정 색지에 흰색 크레용으로 밑그림을 그려주세요.

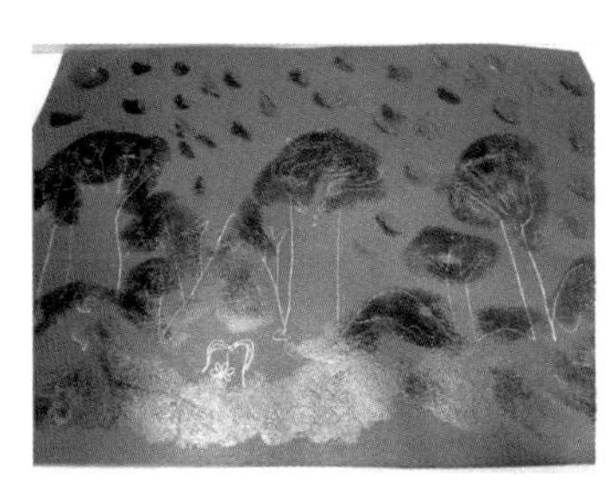

2 밑그림에서 눈 덮일 자리에 풀칠 해주세요.

3 그림 위에 설탕을 솔솔 뿌려주세요. 부모가 시범을 보여주고 아이가 따라해봐요.

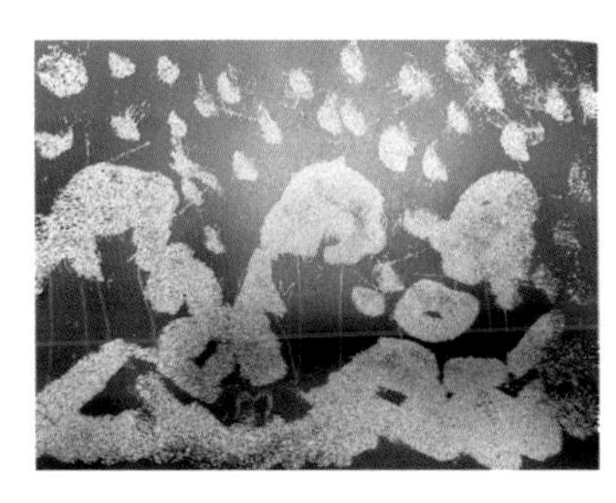

4 설탕을 털어서 정리하면 눈 덮인 숲이 완성돼요.

더 쉽고 재밌게 놀아요

- 아이가 양 조절을 못해서 설탕을 많이 뿌리게 되면 손으로 살살 문질러주세요.
- 놀이 전에 비닐이나 매트를 깔고 시작해요.

다른 연령이라면?

36개월 이상이라면 요리 재료를 이용해서 양념 맞히기 미각 놀이를 해봐요. 아이에게 설탕, 소금, 후추 등 가루류와 참기름, 올리브유 등 액체류를 조금씩 맛보게 해주세요. 눈을 감고 맛보면서 무슨 양념인지 맞히기 놀이를 해요.

맛있는 벚꽃나무

길가에 떨어진 나뭇가지를 주워 집에서 벚꽃을 피워봐요. '봄'이라는 계절에 관해 아이와 이야기를 나누고, 봄에 피는 꽃에 관심을 갖게 해 줄 수 있는 놀이예요. 여러 개 만들어서 전시해두면 예쁜 인테리어 소품이 돼요.

준비물	특징	효과
찰흙(또는 지점토), 나뭇가지, 팝콘, 목공풀, 종이컵	팝콘을 나뭇가지에 붙이는 간단한 활동이지만 결과물은 훌륭해요. 작품을 완성한 아이는 성취감과 긍정적인 감정을 느끼게 됩니다. 남은 팝콘을 먹으며 작품을 감상할 수 있어서 두 배로 즐거운 놀이지요.	자연 지능 발달, 소근육 발달, 감성 지능 발달, 눈과 손의 협응력 향상, 성취감 증가, 아름다움을 보는 재미 증가

1 벚꽃 만들기 재료를 미리 준비해 주세요.

2 종이컵 바닥에 찰흙이나 지점토를 평평하게 깔아주세요.

3 나뭇가지에 목공풀을 이용해 팝콘을 붙여주세요.

4 완성된 나뭇가지를 찰흙에 꽂아주세요.

더 쉽고 재밌게 놀아요

- 나뭇가지는 꺾지 말고 떨어진 것을 활용해요.
- 종이컵 바닥에 까는 찰흙은 무거운 것을 사용해주세요. 클레이는 마르면 가벼워져서 종이컵이 쉽게 넘어져요.

놀면서 똑똑해져요

사진이나 책을 통해 벚꽃 모습을 미리 관찰해요. 벚꽃을 만든 후 밖으로 나가 벚꽃을 찾아보고, 아이가 만든 작품과 공통점 및 차이점도 함께 찾아봐요. 자연에서 즐기는 야외 활동은 뇌를 자극해 창의력을 기를 수 있어요.

다른 연령이라면?

36개월 이상이라면 계절에 대해 어느 정도 관심을 갖기 시작해요. 벚꽃 이외에 개나리, 진달래, 목련 등 봄에 피는 꽃에 대해 이야기를 나눠보세요.

내 마음을 읽어줘

문장이 긴 동화책은 이야기 구조와 주인공의 감정선이 제법 복잡해요. 아이와 함께 동화책 속 주인공의 감정이 어떨지 이야기를 나눠봐요. "주인공 기분이 어떨 것 같아?"라며 이야기하는 것도 좋지만, 이와 더불어 다양한 감정을 표현하는 표정 스티커를 직접 책에 붙여보세요. 아이가 책과 조금 더 친해질 수 있어요.

준비물	특징	효과
동화책, 동그라미 스티커, 네임펜	아이가 주인공의 마음을 이해하는 활동을 통해 타인의 감정을 간접적으로 느끼는 공감 능력을 기를 수 있어요. 이는 동화책 내용을 조금 더 깊게 이해하는 독후 활동이 된답니다.	정서 지능 발달, 독해력과 이해력 향상, 호기심과 상상력 발달

1 아이와 함께 동화책을 읽어요.

2 각 장면에서 주인공의 마음이 어떨지 이야기를 나눠요.

3 동그라미 스티커에 표정을 그려주세요.

4 각 장면마다 해당되는 감정 스티커를 붙여주세요.

더 쉽고 재밌게 놀아요

- 동화책은 주인공의 감정 변화가 두드러지는 것으로 골라주세요.
- 부모가 먼저 스티커에 표정을 그려두거나 감정 스티커를 사용해도 좋아요.

다른 연령이라면?

36개월 이상이라면 주인공의 감정 변화에 대해 이야기를 나눠도 좋아요. 아이에게 "왜 그럴까?"라고 물어보며 함께 고민해봐요. 내가 주인공이라면 어떤 기분일지, 혹은 내가 주인공이라면 어떻게 행동할지 이야기를 나눠주세요.

쉿, 비밀이야!

아빠 엄마가 전하는 비밀 편지 놀이예요. 비밀 편지라는 것만으로도 아이의 호기심을 자극할 수 있지요. 아무것도 없는 스케치북에서 글씨가 나타나면 아이는 흥미와 호기심이 생기고, 엄마 아빠는 사랑을 전할 수 있답니다.

준비물	특징	효과
양초, 물감, 붓, 접시, 스케치북	시각 변화에 흥미를 갖는 아이는 '무'에서 '유'가 되는 현상을 매우 즐거워해요. 아무것도 없다고 생각한 빈 종이에서 글씨가 나타나는 것을 보면, 호기심을 갖고 놀이에 집중한답니다.	감성 지능 발달, 호기심 발달, 주의 집중력 향상, 눈과 손의 협응력 향상, 상상력 발달

1 스케치북에 양초로 그림을 그리거나 글씨를 써주세요.

2 스케치북에서 무엇이 나타날지 아이와 함께 상상해봐요.

3 물감으로 스케치북 전체를 색칠해주세요.

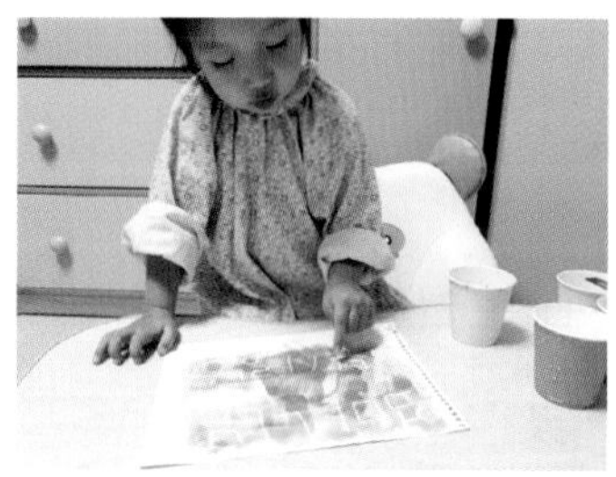

4 하얗게 나타난 글씨와 그림을 함께 살펴보며 다양한 그림을 만들어봐요.

더 쉽고 재밌게 놀아요

- 물감이 빡빡하면 글씨가 잘 보이지 않아요. 물감에 물을 많이 섞어 묽게 해줘야 글씨가 선명하게 보여요.
- 물감 색이 흐리면 글씨가 잘 보이지 않아요. 노란색, 살구색보다 더 진한 색을 사용해주세요.
- 물감이 아니라 포비돈(소독약)을 사용해도 재밌어요.

다른 연령이라면?

36개월 이상이라면 아이가 직접 양초로 그림을 그리거나 글씨를 쓰도록 하고, 부모가 물감을 칠해 글씨를 확인해주세요.

거미가 줄을 타고 올라갑니다

두꺼운 도화지로 움직이는 거미 장난감을 만들어봐요. 자신이 그린 거미가 멋진 장난감이 되어 움직이는 것을 보면 아이는 성취감을 느낀답니다. 아이가 한참 〈거미가 줄을 타고 올라갑니다〉 노래를 부를 무렵에 함께하면 좋아요.

준비물	특징	효과
두꺼운 도화지, 끈, 빨대, 테이프, 색연필(또는 크레용)	아이는 자신이 만든 작품이 움직이는 것을 보며 성취감을 느낄 수 있어요. 이는 아이의 자아 존중감 발달에도 도움이 됩니다.	자연 지능 발달, 감성 지능 발달, 호기심 발달, 주의집중력 향상, 눈과 손의 협응력 향상

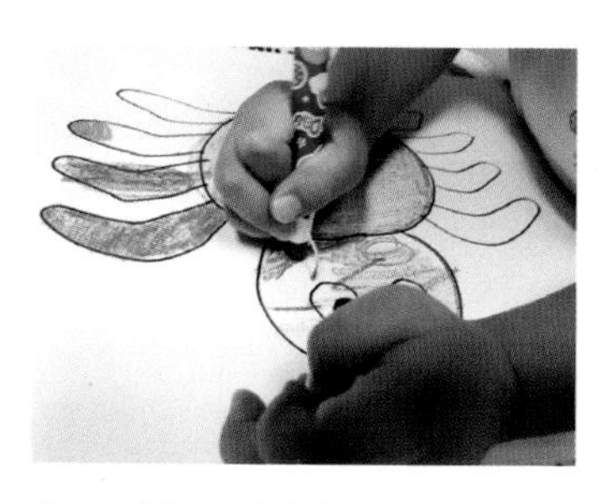

1 두꺼운 도화지에 거미를 그린 후 오려주세요.

2 거미 그림의 뒷면에 빨대를 사진처럼 붙여요.

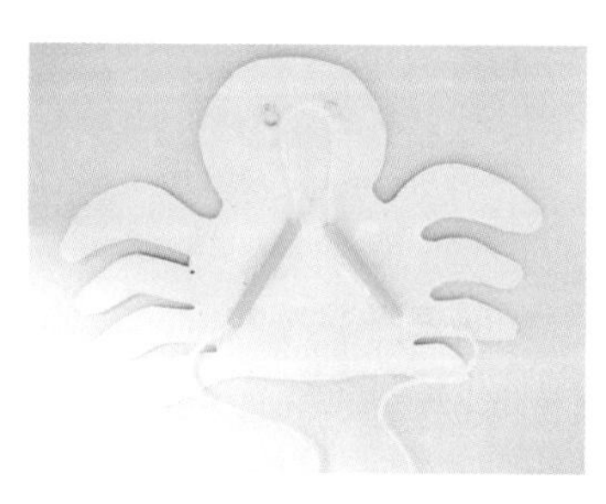

3 빨대 사이로 끈이 연결되도록 통과시켜주세요.

4 끈을 번갈아가며 당기면 거미가 줄을 타고 올라가는 것을 볼 수 있어요.

더 쉽고 재밌게 놀아요

- 끈은 탄성이 없는 것으로 사용해요. 고무줄을 사용하면 거미가 올라가는 모습을 보기 힘들어요.
- 거미가 익숙해지면 아이가 원하는 다른 곤충을 만들어요.

놀면서 똑똑해져요

아이와 거미의 모습을 관찰해봐요. 거미가 거미줄을 치는 이유, 거미줄을 오르는 방법, 거미의 생김새 등에 대해 아이에게 질문해주세요. 아이가 정확히 대답하기 어렵다면 책을 스스로 꺼내와 함께 살펴볼 수 있도록 유도해주세요. 독서를 통해 익힌 지식은 뇌가 정보를 자동으로 처리하게 해 뇌 용량을 효율적으로 사용할 수 있게 됩니다.

천천히 눈 내리는 스노우볼

아이는 투명하고 냄새가 안 나는 액체를 모두 물이라고 생각해요. 액체도 종류가 다양하고, 성질이 다르다는 것을 이해할 수 있는 놀이예요. 집에 굴러다니는 피규어들을 놀이에 요긴하게 활용할 수 있답니다.

준비물	특징	효과
글리세린, 정제수, 반짝이 글리터, 투명한 병, 작은 피규어, 글루건	시각적으로 아름다운 것과 아이가 좋아하는 것을 보고 만지는 경험은 아이의 긍정적인 정서 발달에 도움이 되지요. 피규어를 이용해 눈이 내리는 예쁜 장난감을 만들어봐요.	소근육 발달, 감성 지능 발달, 성취감 증가

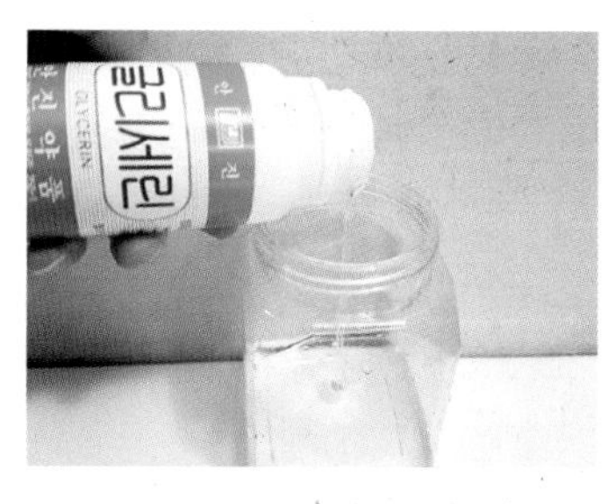

1 투명한 병에 글리세린과 정제수를 3:7 비율로 넣어주세요. 글리세린의 비율이 높으면 글리터가 뭉쳐져요.

2 반짝이 글리터를 넣어주세요.

3 뚜껑에 피규어를 글루건으로 붙여주세요.

4 병에 뚜껑을 닫고 뒤집으면 완성돼요. 휴대폰 플래시를 켜서 병 위에 올리면 더욱 멋진 연출이 가능해요.

더 쉽고 재밌게 놀아요

글리세린은 약국에서 저렴한 가격으로 구매할 수 있어요.

놀면서 똑똑해져요

놀이 전에 물과 글리세린이 다른 액체임을 미리 알아보는 것도 좋아요. 두 개의 투명한 컵을 준비해서 한쪽에 물을, 한쪽에 글리세린을 채워주세요. 그리고 반짝이 글리터를 뿌려봅니다. 가라앉는 속도가 다른 것을 확인하고 이야기를 나눠봐요.

나만의 병풍 만들기

먹물은 아이가 평소에 접하기 힘든 미술 재료 중 하나예요. 손에 묻고 바닥에 튈까봐 두려운 재료이지만 잘만 활용하면 한국적인 아름다움이 가득한 작품을 만들 수 있어요. 먹물이 아직 부담스럽다면 검정색 물감을 사용해보세요.

준비물	특징	효과
한지, 검정 색지, 먹물(또는 검정색 물감), 접시, 면봉(또는 붓), 빨간색 클레이 점토, 하드보드지	아이가 새로운 미술 재료를 만지는 경험을 할 수 있어요. 먹물은 한 가지 색만 표현되니 다양한 기법으로 느낌을 표현해봐요.	소근육 발달, 눈과 손의 협응력 향상, 아름다움을 보는 재미 증가, 성취감 증가

1 한지 4장을 길게 오려주세요.

2 하드보드지를 오려 만든 막대나 면봉에 먹물을 묻혀 한지 위에 그림을 그려요.

3 검정 색지에 한지를 사진과 같은 비율로 붙이고 접어주세요.

4 먹물이 마른 후 빨간색 클레이 점토로 열매를 표현해봐요.

더 쉽고 재밌게 놀아요

먹물로 그림을 그릴 때 하드보드지로 문지르거나 면봉으로 찍어도 재밌는 효과가 나타나요. 조금 큰 아이는 빨대로 먹물을 불어봐요.

다른 연령이라면?

24개월 이상이라면 전통 미술 작품이나 그림을 보며 병풍의 모습을 관찰하고, 어떤 용도인지 이야기를 나눠봐요.

아이와 함께 즐기는 테마파크

아이의 인지 발달이 이뤄지고 의사소통이 가능해지면, 다양한 체험 활동을 할 수 있는 나들이를 계획하게 됩니다. 아이가 스스로 나들이 목표를 세우고 자유롭게 노는 것은 정서 발달에 매우 중요하지요.

테마파크는 다양한 체험들 중 아이가 하고 싶은 활동을 선택하고, 하고 싶은 만큼 목표를 가지고 참여할 수 있다는 점에서 유익한 장소예요. 타인과 어울리는 방법을 익히고, 차례를 기다리며 욕구를 억제하는 경험은 아이의 정서 및 사회지능 발달에 도움이 됩니다. 특히 활발한 신체 활동을 통해 아이가 넘치는 에너지를 해소하고 스트레스를 풀 수 있는 것도 장점이지요. 대부분의 테마파크는 어린 아이 가족을 위해 수유실과 유모차 대여 서비스를 갖추고 있으니 미리 확인 후 방문해보세요.

롯데월드 어드벤처

36개월 미만의 아이가 탈만한 놀이기구는 적지만 분위기에 취하는 것만으로도 충분히 즐거운 곳이에요. 화려한 퍼레이드와 신나는 음악은 아이의 눈과 귀를 즐겁게 한답니다. 어린 아이도 흥겨워서 몸을 들썩일 정도예요. 입장을 하면 '베이비 이용가능 시설'에 대한 안내를 받을 수 있어요.

롯데월드 언더씨킹덤

실내에서 놀이동산을 즐길 수 있는 곳이 없을까 고민될 때 방문하기 좋은 곳이에요. 해저 왕국으로 꾸며져서 마치 깊은 바닷속에 들어온 듯한 기분이 들어요. 어린 아이가 이용할 만한 놀이기구가 많고, 퍼레이드 및 공연도 열려 아이가 즐거워해요.

피노파밀리아

아이가 체험할 만한 것들로 알차게 구성돼 있어요. 인형극과 영화 상영, 모래 놀이, 피자 만들기, 물총 놀이 등 다양한 놀거리가 가득해 시간가는 줄 모르고 즐겼답니다. 평일에는 단체 이용만 가능하고, 가족 단위 이용객은 주말에만 입장할 수 있으니 사전에 확인 후 방문하세요.

가평 에델바이스

스위스 마을 축제를 주제로 만들어진 테마파크예요. 가평의 아름다운 자연환경 속에 스위스풍의 건축물, 아름다운 숲과 마을이 재현돼 있어요. 다양한 박물관, 갤러리, 테마관 등이 있어 작은 스위스 마을에 온 듯한 느낌이 들어요.

용인 코코몽 에코파크

테마형 체험 공간으로 꾸며져 있어요. 산과 물을 끼고 있어 도심 속 테마파크와는 또 다른 매력을 느낄 수 있지요. 야외 시설이 제법 많아 날씨가 좋을 때 방문하면 더 좋아요.

파주 하니랜드

타임머신을 타고 추억의 놀이동산으로 시간여행을 온 듯한 곳이에요. 놀이동산을 처음 방문하는 어린 아이에게 안성맞춤인 테마파크랍니다. 키가 80cm를 넘지 않아도 보호자와 함께 이용할 수 있는 놀이기구가 있어요. 한적해서 인파에 치일 걱정없이 마음껏 다니기에도 좋아요.

부천 아인스월드

세계 유명 건축 예술물을 축소해놓은 미니어처 테마파크예요. 어린 아이 눈높이에 맞춘 구경거리가 다양하게 있어요. 아이를 자유롭게 걷고 달리게 하고 싶다면 주간 테마파크를, 사진을 남기고 싶다면 해질녘에 불이 들어오는 야간 테마파크를 추천해요.

양산 통도환타지아

경남권 최대 테마파크로 에너지 넘치는 아이와 방문하기 좋은 곳이에요. 키가 80cm 이상이면 아이만 탈 수 있는 유아전용 기종, 보호자와 동승해 이용하는 기종이 여러 개 있어요. 놀이기구가 다양하고 동선이 짧아서 편하게 시간을 보낼 수 있어요.

구미 금오랜드

동선이 짧고, 놀이기구를 타기 위해 기다리지 않아도 되는 아담한 테마파크예요. 작은 실내 동물원이 있어서 먹이 주기 체험도 할 수 있답니다.

매일 달라지는 바깥 풍경, 계절 나들이

봄이면 따스한 봄바람에 설레고, 여름이면 뙤약볕 아래서 물놀이를 하고, 가을이면 떨어지는 낙엽을 감상하다가, 겨울이면 연말연시의 분위기에 들뜨곤 하지요. 그러나 어린 아이를 키우다 보면 계절 변화에도 무뎌질 때가 많아요. 아이가 조금씩 주변 세상에 관심을 갖기 시작할 무렵, 계절 변화를 느끼는 나들이를 떠나보세요.

유아기에는 주변 세상을 이해할 때 하나의 주제로 묶어 통합적으로 배우게 돼요. 예를 들어, '봄'을 배울 때 봄의 소리를 들어보고, 봄과 어울리는 노래를 불러보고, 봄에 일어나는 나무의 변화에 대해서 살펴보는 종합적인 활동을 통해 '봄'을 인지하게 되는 것이지요. 따라서 직접 야외로 나가 계절을 느껴보는 활동은 매우 중요한 경험이 될 수 있어요.

딸기 따기

따뜻한 봄바람이 불기 시작할 때쯤, 아이와 함께 할 수 있는 체험형 나들이예요. 딸기 따기는 농작물 수확 체험 중에서 힘이 약한 아이가 하기 좋아요. 농원마다 체험료 유무, 딸기 값 계산 방식, 타 프로그램 운영 유무 등이 다르니 미리 알아보고 방문하세요.

용인 에버랜드 할로윈 파티

계절마다 테마 축제를 운영하고 있어요. 봄에는 튤립 축제, 여름에는 장미 축제와 섬머 스플래쉬, 가을에는 국화 축제와 할로윈 파티, 겨울에는 크리스마스가 축제가 열린답니다. 특히 가을 할로윈 파티는 호박, 유령, 드라큘라로 분장한 사람들로 붐벼서 아이가 새로워해요. 너무 어린 아이는 무서워할 수 있으니 주의가 필요해요.

양주 조명박물관

반짝반짝 빛이 가득한 산타마을로 꾸며져 있어요. 실내에는 아기자기한 크리스마스 소품으로 가득 채워져 있어 걸음이 서툰 아이도 크리스마스를 즐길 수 있어요.

경주 첨성대

가을철 첨성대는 주변에 황화코스모스가 만개하고 모과나무에 모과가 주렁주렁 열려요. 울긋불긋 물든 나무들이 건축물과 어우러져 더욱더 아름다운 풍경을 조성한답니다. 열차타기를 좋아하는 아이와 함께라면 입구에서 비단벌레 열차를 탑승하고 관람할 수 있으니 미리 시간표를 확인해보세요.

홍천 소노펠리체 벚꽃 축제

아이와 함께 벚꽃 시즌을 맞을 때면, 주차가 수월하고 많이 걷지 않아도 되는 장소를 찾게 돼요. 홍천 소노펠리체 벚꽃 축제는 숙소 바로 앞에서 벚꽃을 즐길 수 있다는 점에서 체력부담이 적어요. 축제 기간에 조랑말 타기, 양 먹이 주기, 비눗방울 불기, 달고나 만들기, 전동자동차 타기 등 다양한 체험 부스도 함께 운영해요.

통영 케이블카

국내 관광용 케이블카 중 가장 길다고 해요. 유명세만큼 탑승 대기시간이 긴 편이랍니다. 현장 발권 후 모바일을 통해 탑승 예정 시각을 확인할 수 있으니 아이와 근처 공원에서 시간을 보내며 대기하는 것도 좋은 방법이에요. 정상에서 바라보는 한려수도의 절경은 이루 말할 수 없이 아름다워요. 아이와 함께 계절을 즐기기에 안성맞춤인 장소지요.

거제 바람의 언덕

계단의 경사가 제법 가파르니 유모차는 차에 접어두는 편이 좋아요. 아이와 함께 걸으며 풍차, 푸른 들판, 드넓은 바다가 어우러진 멋진 풍경을 감상할 수 있어요. 바다를 보며 여유롭게 시간을 보낼 수 있지만 장소가 장소이니 만큼 수유 시설과 유아 화장실이 마련돼 있지 않아 방문 전에 대비는 필수예요.

제주 섭지코지

푸른 들판과 바다, 등대가 어우러진 제주를 느낄 수 있는 곳이에요. 입구에서 전동 카트, 전기 자전거, 꽃마차, 전동 바이크를 대여해서 이동할 수 있어요. 아담한 연못과 동물들이 살고 있는 농장, 유채꽃밭, 성산 일출봉까지 만날 수 있답니다.

스튜디오 셀프촬영

외출이 어려운 두 돌 미만의 아이와는 사진을 찍으며 연말을 기념해보세요. 집은 촬영 소품과 배경이 적어서 다양한 사진을 남기기에 한계가 있어요. 집 주변 셀프 스튜디오를 이용하면 보다 수월하게 사진 촬영을 할 수 있답니다.

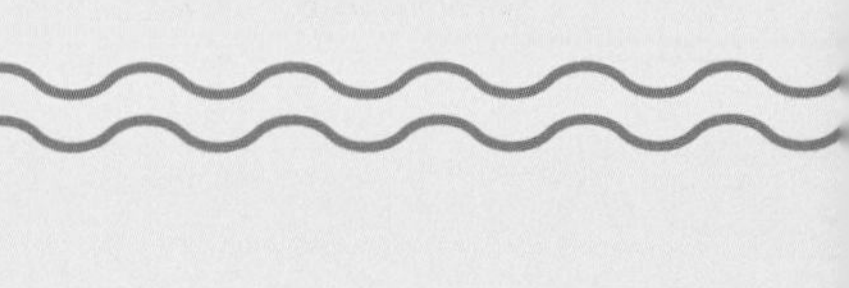

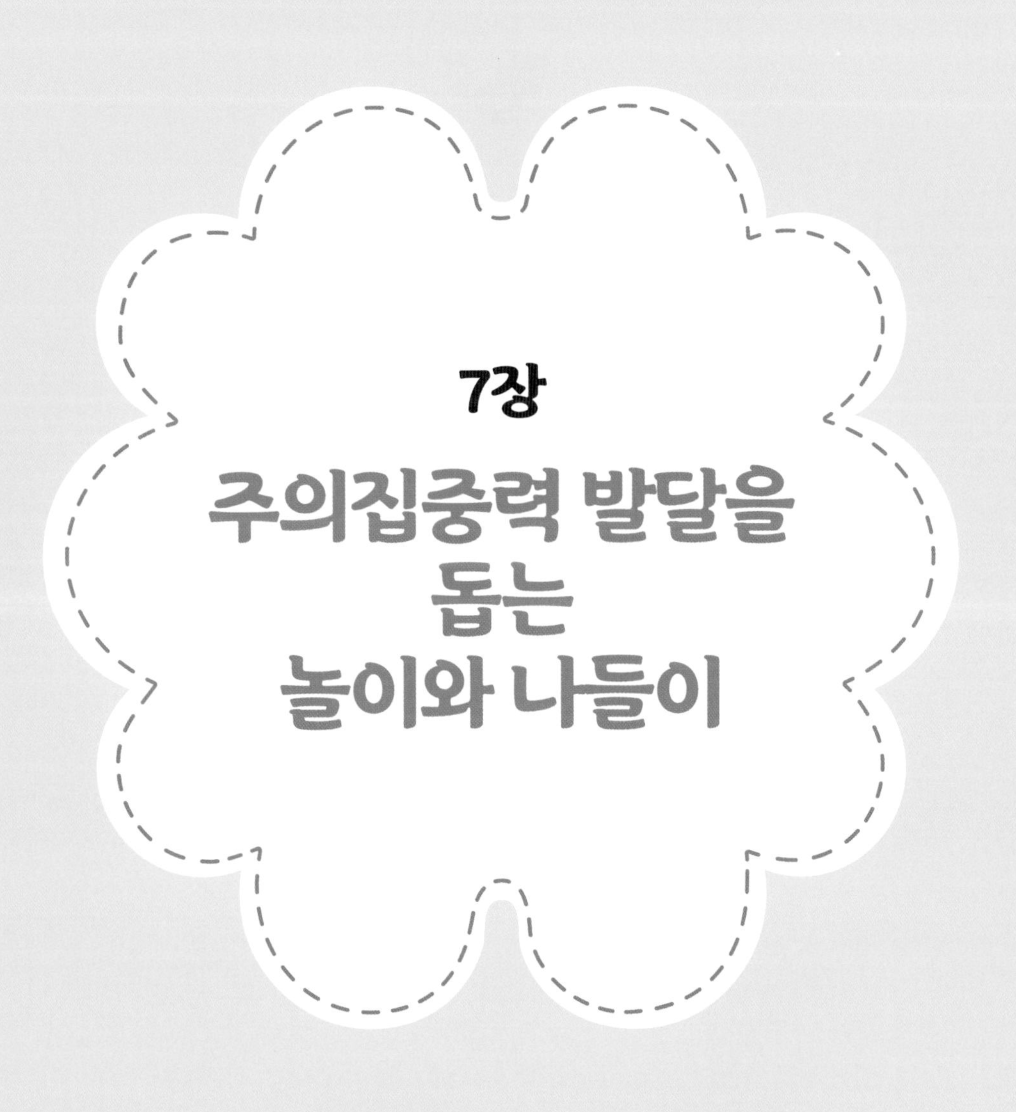

7장

주의집중력 발달을 돕는 놀이와 나들이

'이성의 뇌' 전두엽을 자극하면 주의집중력이 쑥쑥!

우리는 매 순간 수많은 정보를 접하며 살아갑니다. 하지만 모든 정보를 하나하나 명확하게 기억하지 못해요. 우리가 중요하다고 생각하고 주의를 기울인 자극만 인지하게 되지요. 정보를 자각하게 만드는 주의집중력은 연령에 맞게 발달합니다. 유아기의 아이는 놀이를 통해 주의집중력이 발달해요. 그래서 아이가 집중할 수 있는 다양한 놀이를 경험하게 해줘야 합니다. 주의집중력은 아이가 초등학생이 될 때까지 개선할 수 있으며, 점차 효율적으로 주의를 기울이는 방법을 체득하게 됩니다.

주의집중력에 관여하는 뇌의 영역은 전두엽이에요. 전두엽은 대뇌피질에서 가장 많은 부분을 차지하며 영유아기부터 사춘기 이후까지 지속적으로 발달합니다. 전두엽은 이성, 지성, 집중력, 창의력, 감정 조절 등 중요한 기능을 담당해요. 본능을 억제하고 목표 지향적인 결정을 내리도록 하는 것도 전두엽의 역할

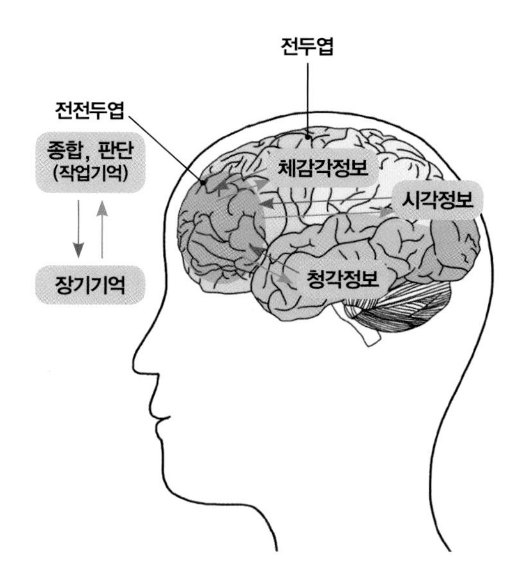

이성의 뇌 전두엽 중에서도 전전두엽은 대뇌 여러 피질들과 체감각 정보, 시각 정보, 청각 정보 등을 주고받아요. 이 과정을 통해 다양한 정보 중에서 필요한 정보를 선별해내고 이를 종합, 판단하여 장기기억 속에 저장합니다.

이에요. '지금 당장 먹고 싶은 욕구'를 억누르는 이성의 뇌라고 할 수 있지요.

전두엽 중에서도 가장 앞에 위치한 전전두엽은 인간을 가장 인간답게 해주는 부분이라고 할 수 있어요. 다양한 정보를 통합해 이를 바탕으로 의사결정을 하고 문제를 해결한답니다. 전전두엽은 이성적인 의사결정 이외에 대인관계에도 관여해요. 상황에 맞는 언어표현을 하고 사람들의 눈치를 살펴 원활하게 사회생활을 할 수 있도록 하지요.

이러한 전두엽은 익숙한 과제를 만났을 때보다 새롭고 도전적인 과제를 만났을 때 더 활발하게 반응합니다. 따라서 아이가 호기심을 갖고 참여하고, 도전할 수 있는 활동은 전두엽 발달에 도움이 되지요. 이번 장에 소개한 다양한 주의집중력 발달 놀이를 통해 아이의 뇌 발달을 촉진시켜보세요.

내 반쪽을 찾아줘!

돌 전후의 아이는 거울만 보여줘도 까르르 웃어요. 어느 순간 거울 앞에서 손을 들어보고 얼굴을 찡그려보며 자신의 모습이 어떻게 비춰지는지 관심을 갖기 시작해요. 아이가 대칭에 관심이 생기기 시작했을 때 해볼 만한 놀이예요.

준비물	특징	효과
도형 놀이 교구	아이가 도형의 위치와 모양에 대해 생각하고 대칭 원리를 이해하게 됩니다. 이를 통해 복잡한 사고를 경험하고 공간 감각을 기를 수 있어요.	창의력과 상상력 향상, 공간지각력 향상, 유추 능력 향상, 수학적 추상 능력 향상

1 스케치북 위에 원의 반쪽을 찾아서 올려주세요.

2 원 아래에 삼각형과 사각형의 반쪽도 일렬로 놓아요.

3 왼쪽에 다른 도형들도 놓아봐요.

4 왼쪽과 대칭이 되도록 스케치북 오른쪽에 같은 짝의 도형을 놓아요. 배경에 그림을 그려도 좋아요.

더 쉽고 재밌게 놀아요

- 도형 놀이 교구가 없다면 색종이를 도형 모양으로 오려서 놀이에 사용해요.
- 아이에게 처음부터 정사각형을 주고, 이 도형의 반을 찾으라고 하면 아이는 어려워해요. 누구나 반쪽이라고 생각할 수 있는 반원으로 시작하면 아이도 쉽게 접근할 수 있어요.

놀면서 똑똑해져요

완성된 모양을 보고 무엇을 닮았는지 이야기해보고 작품에 제목을 붙여봐요. 아이가 종합적으로 사고하는 힘을 기를 수 있어요.

채소로 도장 놀이 꾹꾹!

당근과 브로콜리 등 아이가 냄새도 싫어하고 만지기도 꺼리는 채소가 있다면, 채소와 친해지는 놀이를 해봐요. 마음껏 만져보고 탐색하는 과정을 통해 채소에 익숙해질 수 있어요. 채소와 친해지면 볶음밥에서 당근을 찾아 골라내는 일이 줄어든답니다.

준비물	특징	효과
채소, 스탬프, 스케치북	요리 재료로만 여겼던 채소가 미술 놀이의 재료로 쓰인다는 사실은 아이의 호기심을 자극해요. 스탬프 찍기에 대한 이해가 충분한 18개월 이상의 아이와 함께하기 적합해요.	소근육과 언어 발달, 상상력 향상, 규칙성 이해

1 채소를 준비해주세요.

2 채소를 다양한 모양으로 조각내주세요.

3 스탬프를 활용해 조각낸 채소를 스케치북에 도장처럼 찍어봐요.

더 쉽고 재밌게 놀아요

브로콜리, 청경채, 당근 등 이유식 시기에는 열심히 먹던 채소 중 유아식을 시작하며 멀어진 채소가 있다면 활용해보세요.

다른 연령이라면?

30개월 이상이라면 아이가 채소에 직접 도형을 그리도록 해주세요. 조각내는 것은 부모의 도움이 필요하지만, 아이가 직접 그려보는 것만으로도 큰 성취감을 느낄 수 있어요.

나무로 표현하는 사계절

아이가 손가락에 물감을 묻혀 꾹꾹 찍는 놀이예요. 아이의 지장을 찍어서 봄, 여름, 가을, 겨울 색이 변하는 나무 작품을 만들어보세요. 제법 근사한 작품이 만들어져서 훌륭한 인테리어 소품이 되기도 한답니다.

준비물	특징	효과
물감, 팔레트, 스케치북, 물티슈	손을 사용하는 놀이는 아이 뇌의 전반적인 발달을 도와요. 아이가 손가락으로 원하는 지점에 물감을 찍는 동안 아이의 뇌에서 활발한 작용이 일어납니다.	색채 감각 발달, 눈과 손의 협응력 향상, 집중력과 창의력 향상, 성취감 증가, 소근육 발달

1 스케치북에 나무 그림 4개를 그려 주세요.

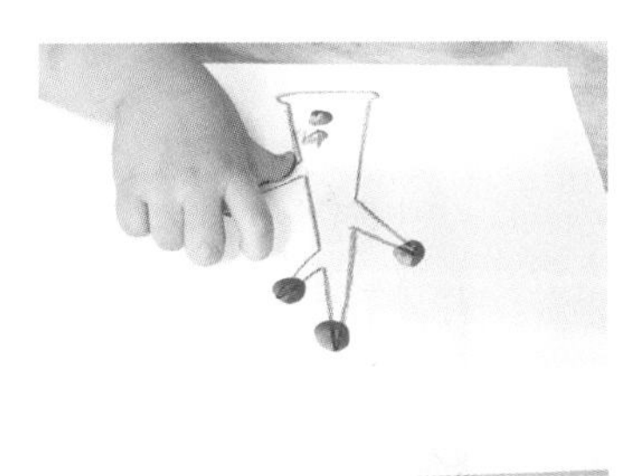

2 엄지 손가락에 물감을 묻혀서 나무의 잎 부분에 찍어요. 한 계절이 끝나면 물티슈로 손을 닦고 다음 나무에 물감을 찍어요.

3 봄은 연두색과 분홍색, 여름은 초록색과 청록색으로 표현해봐요.

4 가을은 노란색과 빨간색, 겨울은 청록색과 흰색으로 표현해봐요.

더 쉽고 재밌게 놀아요

- 처음에는 부모가 아이 손으로 시범을 보이며 함께 찍어주세요.
- 팔레트에 물감 두 개를 한 번에 짰더니 아이가 두 색을 손가락으로 섞어서 계절 차이가 나지 않게 됐어요. 어린 아이의 경우 한 가지 색을 다 칠한 후 다음 물감을 짜주는 것이 좋아요.

놀면서 똑똑해져요

놀이를 하기 전에 봄, 여름, 가을, 겨울의 나무 색과 나뭇잎 색에 대해 이야기하거나 관련 그림책을 읽어봐요. 밖에 나가서 나뭇잎 색을 관찰하는 것도 좋아요. 풍경의 변화를 주의 깊게 본 후 물감 놀이를 시작해요.

다른 연령이라면?

36개월 이상이라면 단면 색종이 뒷면에 앞면의 색과 비슷한 색 물감을 손가락으로 꾹꾹 찍어서 양면 색종이를 만들어보세요. 색종이를 잘게 찢어서 스케치북에 붙여 모자이크 그림을 완성해요.

동글동글 색종이 뱀

종이를 오리고 동그랗게 붙여서 뱀을 만들어봐요. 엄마 아빠가 어렸을 적에 한 번쯤은 만들어서 목에 걸어본 색종이 목걸이와 비슷해요. 풀을 처음 사용하는 아이의 경우, 놀이 전에 풀과 친해지는 놀이로 딱풀 낚시를 추천해요. 엄마가 색종이를 펴주면 아이는 딱풀로 색종이를 찍어서 낚시하듯 낚아 올리는 거예요.

준비물	특징	효과
색종이, 풀, 가위, 눈알 스티커	아이는 긴 뱀을 엄마 뱀, 짧은 뱀을 아기 뱀이라고 이름 붙였어요. 특히 뾰족한 혀를 마음에 들어 했어요.	길이 감각 발달, 호기심 발달, 눈과 손의 협응력 향상, 창의력 향상, 성취감 증가

1 색종이를 세 번 접어서 사진과 같이 만들어요.

2 색종이는 접은 선을 따라 오려주세요.

3 색종이 끝부분에 풀을 칠해요. 아이 발달 단계에 따라 아이 혼자 칠하거나 엄마가 함께 칠해주세요.

4 동그랗게 말아서 색종이 끝끼리 붙여주세요. 눈알 스티커를 붙이거나 그려주세요. 두 눈 사이에 긴 혀를 붙여서 뱀을 완성해요.

놀면서 똑똑해져요

- 아이에게 왼쪽과 오른쪽 개념을 알려주세요. 아이가 풀을 칠할 때 왼손과 오른손을 번갈아 사용하면서 좌·우 방향 감각을 느끼게 해주세요.
- 색종이 길이를 다르게 해서 다양한 길이의 뱀을 만들어봐요. 아이가 길이에 대한 개념을 익힐 수 있어요.

다른 연령이라면?

36개월 이상이라면 아이가 만들 수 있는 최대로 긴 뱀을 만들도록 과제를 주세요. 아이가 뱀을 완성하면 세상에서 가장 긴 뱀이라고 이름 붙이고 칭찬해주세요.

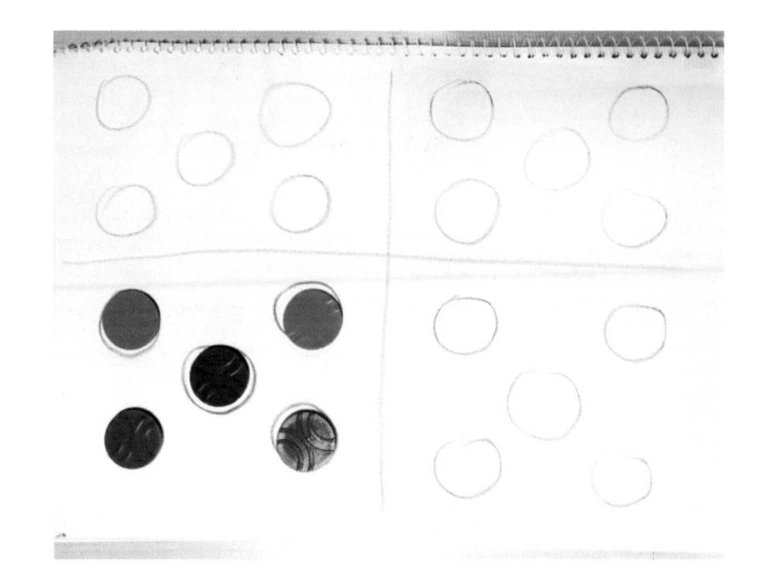

숫자 5를 만들자

“하나, 둘, 셋, 넷…” 아이가 24개월이 지나면 숫자를 세기 시작해요. 아이가 숫자 세기에 익숙해졌다면 간단한 셈 놀이를 해봐요. 이때 클립, 동전, 가베 등 물건을 이용하면 아이가 더 쉽게 덧셈 개념을 이해할 수 있어요.

준비물	특징	효과
스케치북, 동그라미 물체(동전이나 바둑돌).	숫자 '5' 만들기 놀이예요. 4+1, 3+2, 3+1 등 숫자 5를 만드는 과정을 통해 덧셈 개념을 이해하게 됩니다.	눈과 손의 협응력 향상, 소근육 발달, 수학적 사고력 향상

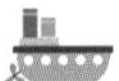

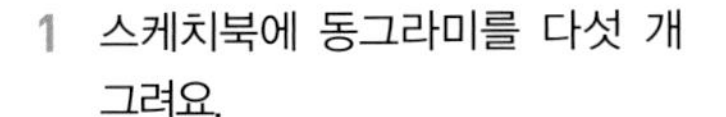

1 스케치북에 동그라미를 다섯 개 그려요.

2 아이에게 "동그라미가 5개 필요해"라고 말해주세요.

3 "그런데 엄마가 2개만 놓았어"라고 말하며 스케치북 위에 2개만 올려주세요.

4 "그럼 이제 몇 개가 더 필요할까?" 라고 물어서 아이가 답할 수 있게 해주세요.

더 쉽고 재밌게 놀아요

- 처음에는 4+1에서 시작해 점점 3+2, 2+3로 단계를 조절해주세요. 마지막에는 5+0이 되도록 하여 '0'은 없다는 것을 이해하도록 도와주세요.
- 부모가 먼저 문제를 내는 것에 익숙해졌다면, 아이가 문제를 내 볼 수 있도록 해주세요.

놀면서 똑똑해져요

손가락, 발가락, 꽃잎 등 주변에서 다섯 개로 이뤄진 것들을 찾아봐요. 수를 실생활과 연관짓는 활동을 통해 아이의 사고를 확장시킬 수 있어요.

위 아래

위 아래

두 돌 무렵, 아이가 쓰는 단어 수가 확연히 많아져요. "그게 책상 왼쪽에 있다고?"라며 위치와 관련된 단어도 많이 사용하게 되지요. 그 무렵 아이와 함께 하기 좋은 색칠 놀이입니다.

준비물	특징	효과
10칸 공책, 색연필(또는 사인펜)	왼쪽, 오른쪽은 아이가 헷갈리기 쉬운 단어예요. 놀이를 통해 단어에 익숙해지고, 위치와 관련된 단어를 배울 수 있어요.	소근육과 위치 감각 발달, 성취감 증가, 집중력 향상

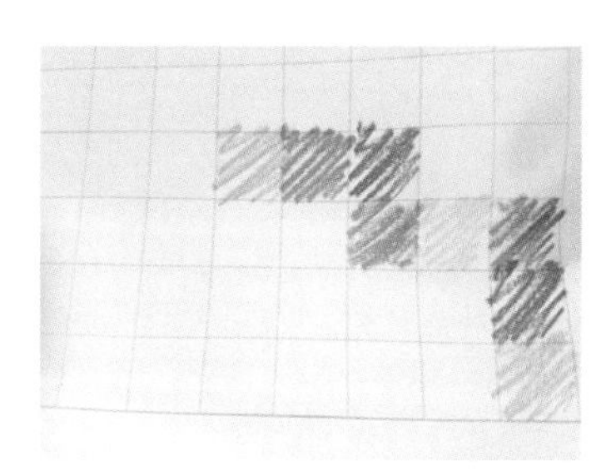

1 부모가 먼저 10칸 공책에 임의로 색칠해주세요.

2 기준이 되는 첫 번째 칸을 부모가 먼저 색칠해주세요. 아이와 함께 두 번째 칸을 색칠해요.

3 아이가 과정① 그림을 보지 못하게 한 후 말로 색깔 위치를 설명해주세요. "연두색 왼쪽에는 파란색이 있어"라고요.

4 아이가 그림을 완성한 후 두 장의 종이를 비교해주세요.

더 쉽고 재밌게 놀아요

- 색칠을 오래 할 힘이 없는 아이의 경우 스티커를 활용해도 좋아요.
- 처음에는 좁은 칸에서 시작하되, 점점 칸을 넓게 사용해주세요. 익숙해지면 '4, 6, 7'과 같은 숫자가 완성되도록 문제를 낸 후 완성된 숫자를 확인해보는 것도 재밌어요.

놀면서 똑똑해져요

부모가 내는 퀴즈대로 색칠하기에 익숙해진 아이에게 "이번에는 네가 퀴즈를 내봐!"라며 퀴즈를 직접 내보도록 해주세요. 위치를 말로 표현하는 연습을 통해 공간 지능과 언어 지능을 함께 기를 수 있어요.

내가 사는 곳을 찾아줘!

땅에 사는 동물, 바다에 사는 동물, 하늘에 사는 동물을 분류하는 놀이예요. 아이는 두 돌 무렵부터 사물을 분류하기 시작해요. 자신이 분류해놓은 틀에 엄마가 무언가를 넣으면 짜증을 내지요. 이러한 아이의 본능을 이용해 분류 놀이를 해봐요.

준비물	특징	효과
동물 카드, 전지	다양한 동물에 대해 관심을 가질 수 있어요. 동물을 자세히 관찰하는 활동을 통해 집중력과 관찰력을 기르게 됩니다.	자연 지능 발달, 언어 표현력 향상, 추상적 사고력 향상

1 전지에 산, 바다, 하늘 등 간단한 배경을 그려주세요.

2 동물 카드를 한 장씩 살펴보며 이야기를 나눠요.

3 아이에게 동물 카드를 주며 동물이 사는 곳에 가져다놓도록 해요.

더 쉽고 재밌게 놀아요

- 아이에게 "이 동물은 물에 사는 동물이야, 땅에 사는 동물이야?"라고 물어보면 아이는 당황하거나 금세 흥미를 잃어요. "사자는 물에서 어푸어푸 헤엄쳐, 아니면 땅에서 걸어 다녀?"와 같이 아이의 수준에 맞게 질문해주세요.
- 처음에는 땅과 물에 사는 동무만 분류하다가 서서히 땅, 물, 하늘 등으로 분류를 늘려주세요.

다른 연령이라면?

36개월 이상이라면 물에 사는 동물 중 '바다에 사는 동물'과 '그렇지 않은 동물'로 분류해봐요. 개구리도 물에 살고 고래도 물에 사는데 고래는 바다에 산다는 개념을 이해할 수 있게 도와주세요.

다리의 개수를 세어요

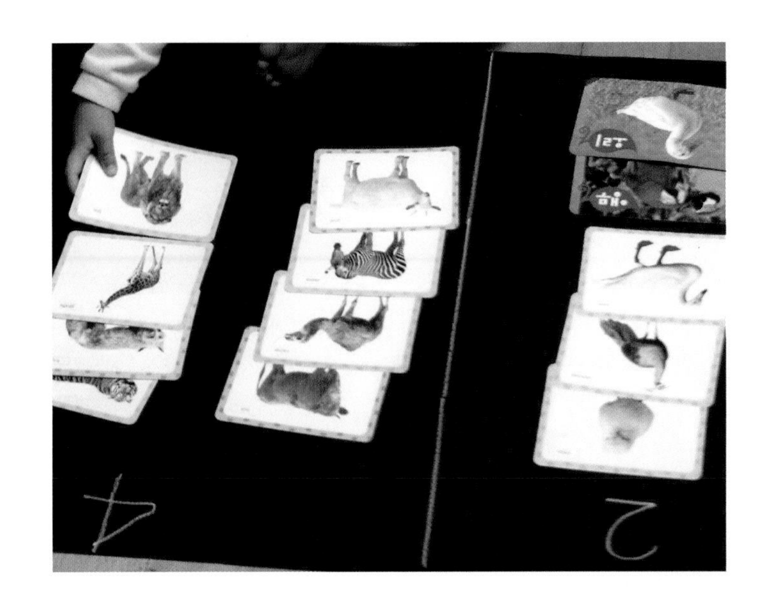

동물 다리의 개수를 세어보고 분류하는 놀이예요. ‘포유류’와 ‘조류’ 같은 어려운 용어를 사용하지 말고 “이 동물들은 모두 새야. 카드 중에서 새를 더 찾아볼까?”라고 말하며 놀이를 진행해요. 아이는 새에게 날개가 있고 다리 개수가 몇 개인지 특징을 쉽게 파악할 수 있어요.

준비물	특징	효과
동물 카드, 동물 카드를 놓을 큰 도화지	아이가 동물의 특징에 관심을 갖고, 수에 대해서도 익숙해졌을 때 하기 좋아요. 놀이를 통해 관찰력을 기르고, 분류 개념도 익힐 수 있게 됩니다.	자연 지능 발달, 관찰력 향상, 추상적 사고력 향상, 자기주도적 놀이(학습)습관 형성

1 도화지에 동물 카드를 분류할 수 있도록 선을 그어주세요.

2 동물 카드를 보면서 다리가 2개인 동물을 먼저 골라봐요.

3 골라낸 카드를 도화지에 내려 놓아요.

4 동일한 방법으로 다리가 4개, 6개, 8개인 동물을 찾아봐요.

더 쉽고 재밌게 놀아요

- 동물 카드를 선별해주세요. 이때 다리의 개수가 정확히 보이는 카드를 골라야 아이가 헷갈리지 않아요.
- 처음에는 카드의 개수를 적게 시작하고, 놀이에 익숙해질수록 카드의 개수를 늘려주세요.

놀면서 똑똑해져요

각각의 칸에 있는 동물들의 공통점을 찾아봐요. 다리가 2개인 동물은 날개가 있고, 다리가 6개인 동물은 곤충이라는 식으로 아이가 관찰력을 발휘할 수 있도록 도와주세요.

또르륵 또르륵 구슬 그림 그리기

입체 도형의 성질을 익힐 수 있는 놀이예요. 구와 원기둥을 구별하지 못했던 아이는 도형 놀이를 통해 차이를 익힐 수 있어요. 원기둥이나 구와 같은 단어를 아이가 어렵게 느낄 수 있지만, 부모가 자연스럽게 이야기한 단어는 아이가 거부감 없이 사용해요. 단, 단어를 익히는 것이 목적이 아니므로 아이에게 단어를 따라하도록 강요하지 마세요.

준비물	특징	효과
입체 도형, 물감, 물, 도화지, 바구니, 작은 통	육면체는 굴러가지 않지만 원기둥은 특정 방향으로 굴러가고, 구는 다양한 방향으로 굴러간다는 특징을 이해하게 됩니다.	공간 감각 발달, 눈과 손의 협응력 향상, 성취감 증가, 아름다움을 보는 재미 증가, 도형에 대한 이해 증가

1 바구니와 크기가 같은 도화지 2장을 준비해주세요. 한 장은 반을 접어 가운데에 구멍이 생기게 오려요. 사진에서는 하트 모양이 되도록 오렸어요.

2 바구니에 도화지를 깐 후 하트 모양으로 구멍낸 도화지를 그 위에 올려주세요.

3 작은 통에 물감과 물을 풀어주세요. 입체 도형에 물감을 묻혀봐요.

4 입체 도형을 바구니에 넣고 기울여서 굴리며 도화지에 물감을 묻혀봐요.

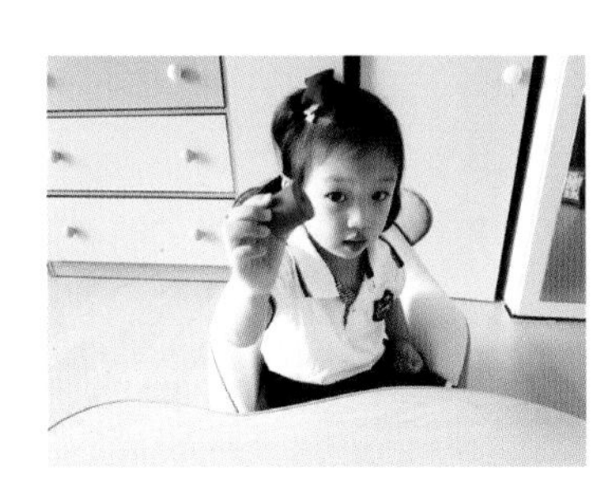

5 무엇이 잘 굴러갔는지, 한 방향으로만 굴러간 것은 무엇인지 이야기를 나눠요.

더 쉽고 재밌게 놀아요

도화지 가운데에 오린 구멍이 너무 작으면 입체 도형을 굴릴 때 구멍으로 지나가기 어려워요. 도형을 크게 오려주세요.

놀면서 똑똑해져요

- 육면체는 안 굴러가는 것, 원기둥과 구는 굴러가는 것으로 분류해봐요. 원기둥과 구의 차이는 몇 번 더 굴려본 후에 이야기를 나눠요.
- 세가지 도형에 관한 이해가 이뤄지면 '안 굴러가는 것'과 '한 방향으로만 굴러가는 것', '다양한 방향으로 굴러가는 것'으로 분류할 수 있도록 도와주세요.

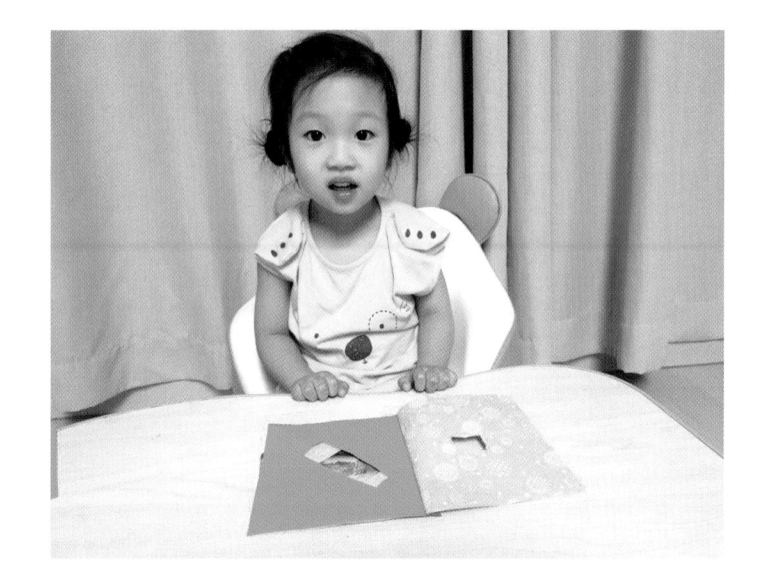

네모 뒤에 누구지?

동물 카드를 이용한 유추 놀이예요. 동물의 일부분을 보고 어떤 동물인지 추측함으로써 아이는 추리력을 기를 수 있어요. 색종이 구멍 사이로 보이는 동물 카드를 보며 "갈색 털이 보이네"라고 말하며 함께 유추해봐요.

준비물	특징	효과
색종이, 가위, 풀, 동물 카드	잘 알고 있는 동물도 일부만 봤을 때는 새로운 형태로 보여 낯설게 느껴질 수 있어요. 아이가 부분을 보고 전체를 유추하며 관찰력과 상상력을 기를 수 있어요.	소근육 발달, 유추적 사고력 향상, 관찰력 향상, 눈과 손의 협응력 향상

1 색종이를 반으로 접어 가운데에 구멍이 생기도록 오려주세요.

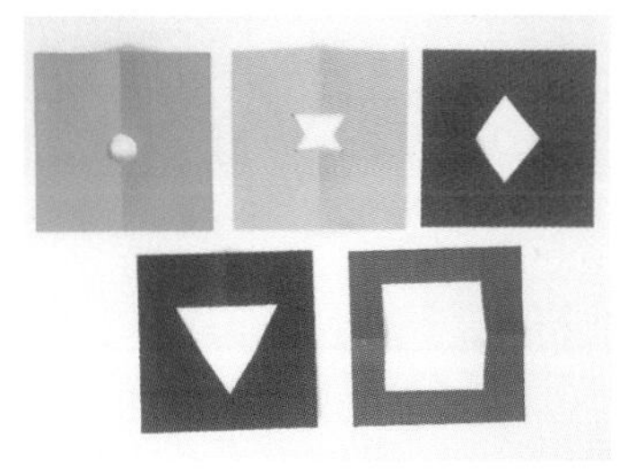

2 구멍의 크기가 다른 색종이를 여러 장 만들어요. 구멍이 큰 색종이가 밑으로 가도록 해서 차례대로 포개요.

3 책처럼 넘겨지도록 색종이 한쪽 면을 붙여주세요.

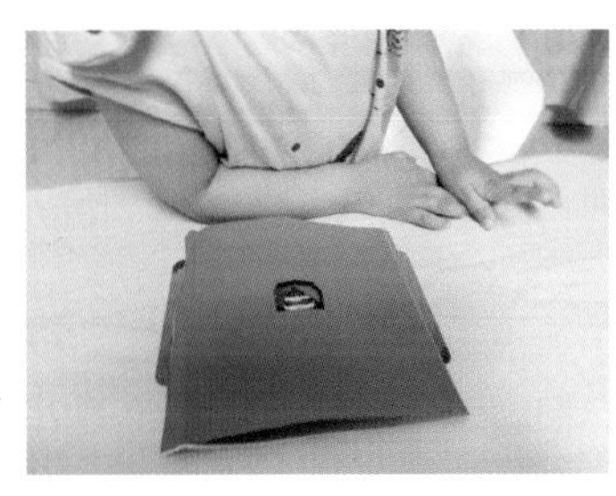

4 동물 카드 위에 색종이 묶음을 올리고 구멍을 통해 어떤 동물인지 맞혀보세요.

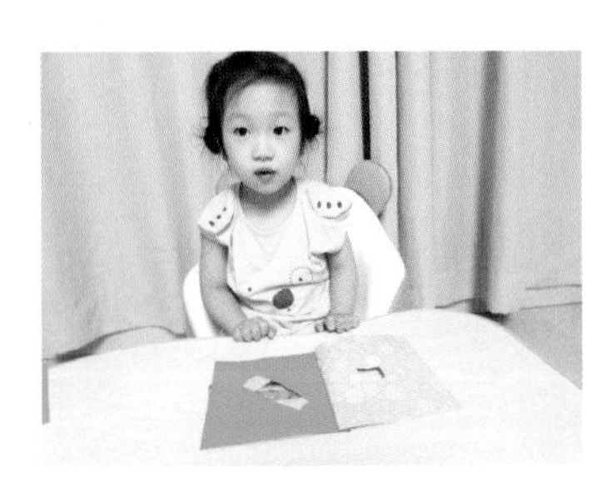

5 아이가 잘 모르겠다고 하면 색종이를 한 장씩 넘겨가며 맞혀보도록 해요.

더 쉽고 재밌게 놀아요

- 아이가 색종이를 자유롭게 오려보게 한 후 구멍 크기에 따라 순서를 배열해 묶어주세요.
- 아이가 잘 알아챌 수 있도록 구멍의 위치를 조절해주세요. 원숭이는 엉덩이 부분, 토끼는 귀 부분, 상어는 지느러미 부분 등 특정 부분에 구멍이 올 수 있도록 해주세요.

놀면서 똑똑해져요

서로 다른 모양의 구멍이 뚫린 색종이를 3~5장 준비해주세요. 만약 3장으로 시작했다면, 3장이 모두 덮혀진 상태에서 동물을 맞힐 경우 3점, 2장일 때 2점, 1장일 때 1점, 모두 다 펼쳤을 때 맞혔다면 0점으로 점수를 주세요. 맞힐 때마다 동전이나 구슬을 점수만큼 가져가게 하면 수 개념 발달에 도움이 됩니다.

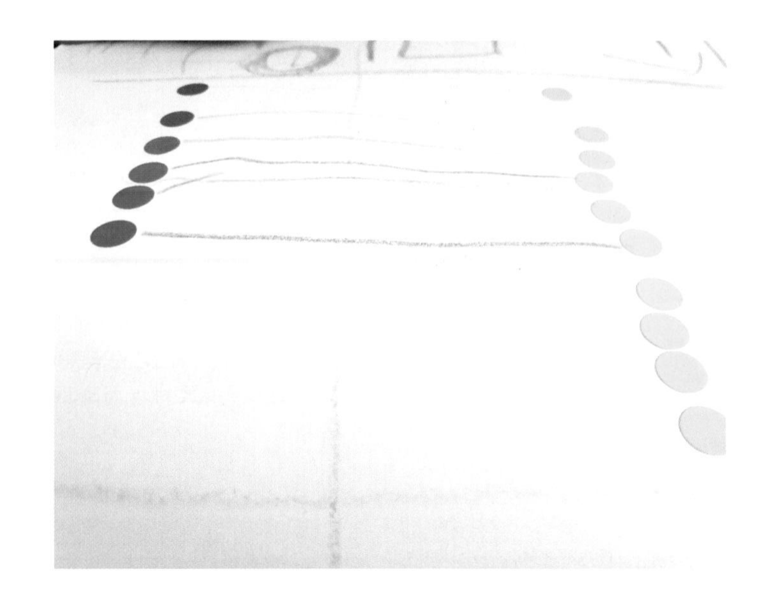

누가 많이 이겼지?

가위바위보, 달리기, 주사위 놀이 등 누가 이겼는지에 관심을 갖기 시작할 무렵, 이긴 횟수를 수량화하는 놀이를 해봐요. 그래프나 그림을 이용하면 아이가 쉽게 이해하고 기억할 수 있어요. 더불어 수 연산의 기본이 되는 1:1 대응 원리도 익히게 되지요.

준비물	특징	효과
스케치북, 색연필(모든 사인펜), 스티커	아이가 '이겼다'는 개념을 눈에 보이도록 수량화하고, 이를 바탕으로 횟수를 비교해볼 수 있어요. 이를 통해 그래프의 원리도 경험적으로 이해하게 됩니다.	수 개념 발달, 주의집중력 향상, 눈과 손의 협응력 향상, 추상적 사고력 향상

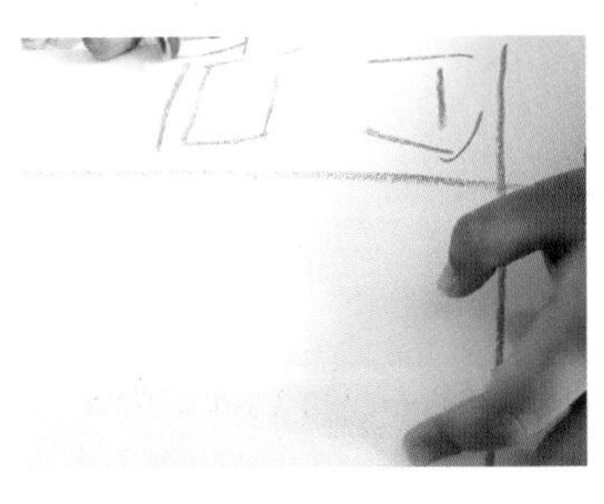

1 스케치북에 그래프의 세로축과 가로축을 그려주세요. 가로축에 각자 이름을 적어요.

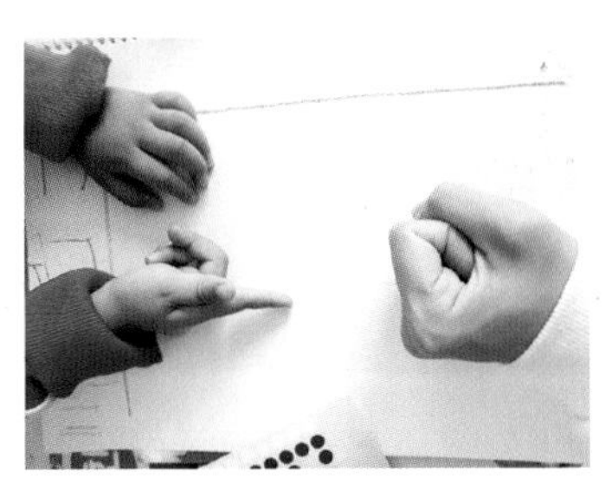

2 가위바위보를 해요.

3 이긴 사람의 이름 위에 일렬로 스티커를 붙여요.

4 완성된 그래프를 보고 누가 얼마나 더 많이 이겼는지 이야기를 나눠요.

더 쉽고 재밌게 놀아요

처음에는 놀이 인원을 2명으로 시작해요. 익숙해지면 3~4명으로 인원 수를 늘려주세요.

놀면서 똑똑해져요

완성된 그래프에서 양쪽 스티커를 하나씩 선으로 이어봐요. 사물을 대응시키는 활동을 통해 조금 더 추상적인 사고가 가능해져요.

내 생일을 찾아줘!

달력에 엄마 아빠의 생일을 찾아 표시하고 함께 날짜를 말해봐요. 아이가 숫자의 순서를 익히고 달력의 규칙을 이해하는 데 도움이 됩니다. "내 생일은 언제예요?"라고 아이가 자신의 생일에 관심을 갖게 될 무렵에 하면 좋아요.

준비물	특징	효과
달력, 색연필, 스티커, 인형	달력을 통해 숫자의 순서와 날짜 감각을 익힐 수 있어요. 12월 31일에서 1월 1일로 해가 바뀔 때나 가족 중 한 명의 생일에 하면 더욱 효과적인 놀이예요.	수 개념 발달, 규칙성 개념 발달, 주의집중력 향상, 숫자 읽기

1 달력의 큰 글씨는 '월'을, 작은 글씨는 '일'을 의미함을 알려주세요.

2 아이의 생일과 엄마 아빠의 생일을 함께 찾아 표시해요.

3 인형이 "내 생일은 3월 5일이야. 내 생일을 찾아줘"라고 말하면 날짜를 찾아 스티커를 붙여요.

4 아이가 날짜를 말하면 엄마 아빠가 해당 날짜를 달력에서 찾아주어도 돼요.

더 쉽고 재밌게 놀아요

- 아이에게 달력 12장을 모두 넘기면 1살이 더 늘어난다는 것을 알려주면 흥미로워해요.
- 날짜 개념이 없는 아이라면 단순히 숫자 찾기 놀이로 진행해요.

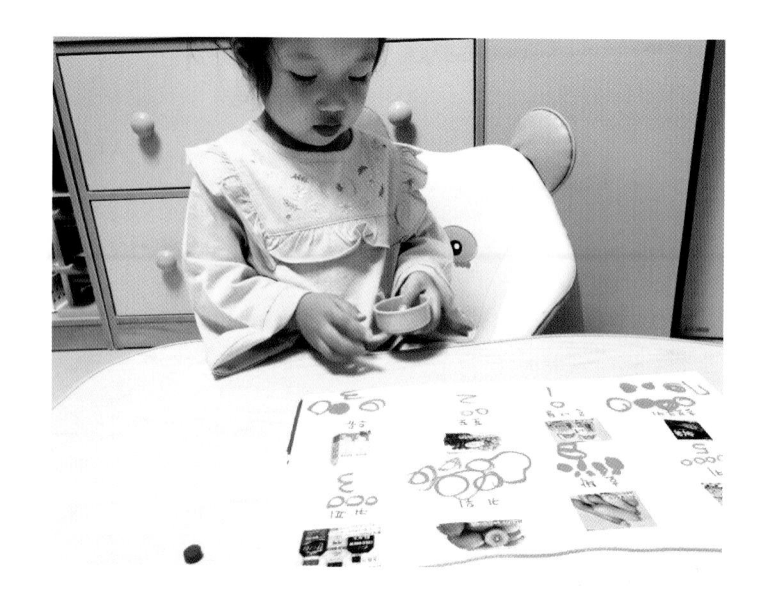

나만의 메뉴판

마트 광고지는 가위을 막 사용하기 시작한 아이에게 최고의 놀잇감이랍니다. 광고지를 오려서 장보기 리스트나 메뉴판을 만들어보세요.

준비물	특징	효과
광고지, 가위, 풀, 스케치북, 색연필, 바둑돌(또는 구슬)	비슷한 품목끼리 묶어서 분류하는 놀이를 할 수 있어요. 가격을 정해 시장 놀이를 하면 수 개념을 익히게 되고, 이를 실생활에 적용할 수 있는 유용한 놀이예요.	수 개념 발달, 사회성 발달, 주의집중력 향상, 눈과 손의 협응력 향상, 추상적 사고력 향상

1 광고지에서 음식 사진을 찾아 오려주세요.

2 음식 사진을 스케치북에 붙여요.

3 음식마다 가격을 정해봐요. 가격을 동그라미로 표현하거나 숫자를 적어도 좋아요.

4 시장 놀이를 진행해요. 음식 가격에 맞게 바둑돌이나 구슬을 개수대로 지불해요.

놀면서 똑똑해져요

- 일부러 음식 가격보다 돈을 더 많이 주거나 적게줘서 아이가 스스로 셈을 할 수 있도록 유도해주세요. 사과와 당근은 합쳐서 얼마인지 물어보는 것도 덧셈의 기초를 다지는 데 도움이 돼요.

- 아이가 숫자를 읽을 줄 안다면 부모가 미리 광고지에서 가격 부분을 오려 제거해주세요. 광고지에 적힌 가격이 아이의 창의력을 저해할 수 있어요.

- 아이가 물건 값을 지불하고 구매하는 것을 이해할 때 쯤, 100원과 500원 동전을 들고 마트에서 실제로 물건을 구매해봐요. 실생활 경험을 통해 수학적 사고력을 기르고 수에 대한 흥미도 가질 수 있어요.

창의성이 톡톡!
어린이 박물관과 과학관

아이가 만지고 느끼고 체험하며 생각할 수 있는 장소를 찾는다면, 박물관과 과학관을 방문해보는 건 어떨까요? 어린이를 대상으로 하는 박물관과 과학관은 어린이의 눈높이에 맞춘 교구가 전시돼 있어 아이가 새로운 자극에 호기심을 가지고 반응할 수 있어요. 도전적인 과제를 만난 아이가 제법 오랜 시간 집중해서 무언가를 한답니다.

어린이 박물관과 과학관은 '어린이'를 위한 공간이기에 수유실이 갖춰져 있고, 유모차도 대여해주는 곳이 많아요. 특히 36개월 미만 영유아를 위한 아이 놀이터가 마련돼 있어 어린 아이와 함께 방문해도 즐거운 시간을 보낼 수 있어요. 다만, 1일 입장 인원과 회차별 입장 인원을 제한하기 때문에 미리 온라인으로 예약한 후 방문하는 것이 좋아요.

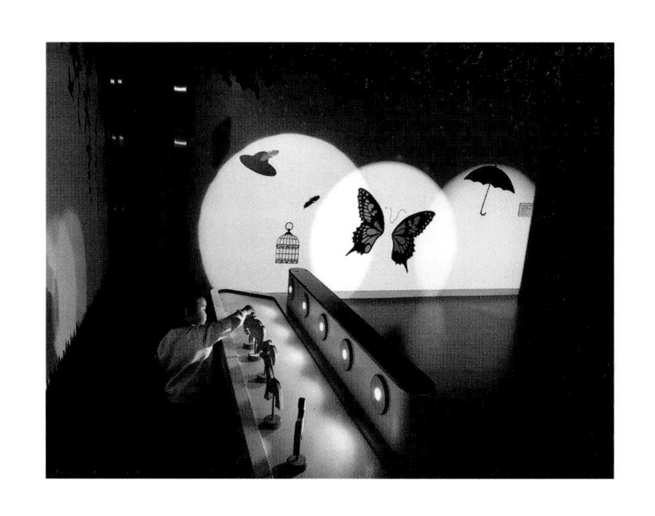

서울 상상나라

어린이대공원 내부에 위치한 상상나라는 에너지 넘치는 아이를 키우는 부모에게 고마운 공간이에요. 아이가 9개월 때 처음 방문했는데, 이후 20개월과 30개월에도 방문해서 여러 전시물을 흥미롭게 관람했어요. 식물원 및 동물원 나들이와 함께 할 수 있어요.

서울 국립어린이과학관

아담한 규모로 엄마가 체력적으로 지치지 않으면서 시간을 보낼 수 있어요. 1층의 감각 놀이터와 2층 상상 놀이터의 전시물 대부분이 이용해볼 만해요. 날씨 좋은 날에는 3층 옥상 놀이터 공간에서도 즐겁게 놀 수 있답니다.

서대문 자연사박물관

동물 이름과 생김새를 알아가고, 공룡에 관심을 보이는 아이라면 방문해보세요. 다양한 동물과 공룡 모습을 보며 함께 나눌 이야깃거리도 많아 추천해요. 방학 기간의 주말, 비 오는 주말에는 방문객이 많아서 혼잡한 편이니 피하는 것이 좋아요.

인천 어린이박물관

인천 문학경기장 내부 주경기장 1층에 위치해 있어요. 외관이나 시설물이 세련되지는 않지만 키즈 카페에 비해 교육적인 놀거리가 훨씬 풍부하고 유익해서 추천하는 곳이에요. 20개월 무렵 아이의 경우 대략 2시간 정도 머무르며 즐겁게 놀 수 있어요.

경기북부 어린이박물관

실내 활동이 가능할 뿐만 아니라 아이가 야외에서 뛰어놀 수 있는 공간도 넓어요. 날씨가 좋은 날에도, 흐린 날에도 좋은 나들이 장소예요. 실내 전시관은 아장아장 걷기 시작한 돌 전후의 아이부터 큰 아이까지 모두 즐거운 시간을 보낼 수 있도록 배려하고 있어요. 두 돌 이후의 아이가 하루에 두 타임 이상 예약해 시간을 보내던 곳이랍니다.

인천 어린이과학관

30개월 무렵 아이가 잠들기 전에 "오늘 정말 재밌었어"라고 회상했던 곳이에요. 다른 과학관에 비해 아이 수준에 맞는 체험거리가 다양하고 아기자기한 장점이 있어요. 어린 아이의 경우 인천 어린이과학관보다 인천 어린이박물관에 가볼 것을 더 추천해요.

과천 국립과학관

과학의 모든 것이 한자리에 있는 장소입니다. 워낙 인기가 많아 붐비지만 야외 전시, 실내 전시, 유아놀이방 등 어린 아이가 이용하기 좋은 요소가 곳곳에 있어요. 이왕이면 날씨 좋은 날 과학관으로 소풍을 떠나보세요.

고양 어린이박물관

교육적인 키즈 카페로, 체험거리가 많아서 갈 때마다 즐겁게 시간을 보내고 온 곳이에요. 다양한 연령층의 아이가 이용할 수 있어요. 특히 아이 놀이터는 전체적으로 안전해서 타 기관에 비해 어린 연령의 아이가 이용하기 좋아요.

인천 옥토끼우주센터

실내에서는 과학 원리와 관련된 체험을 하며 전시물을 관람하고, 키가 90cm 이상 되는 아이는 미니 로켓 등 체험형 놀이기구를 몇 가지 탈 수 있어요. 야외에서는 보트와 썰매를 타고 공룡 전시물을 보며 즐거운 시간을 보낼 수 있어요.

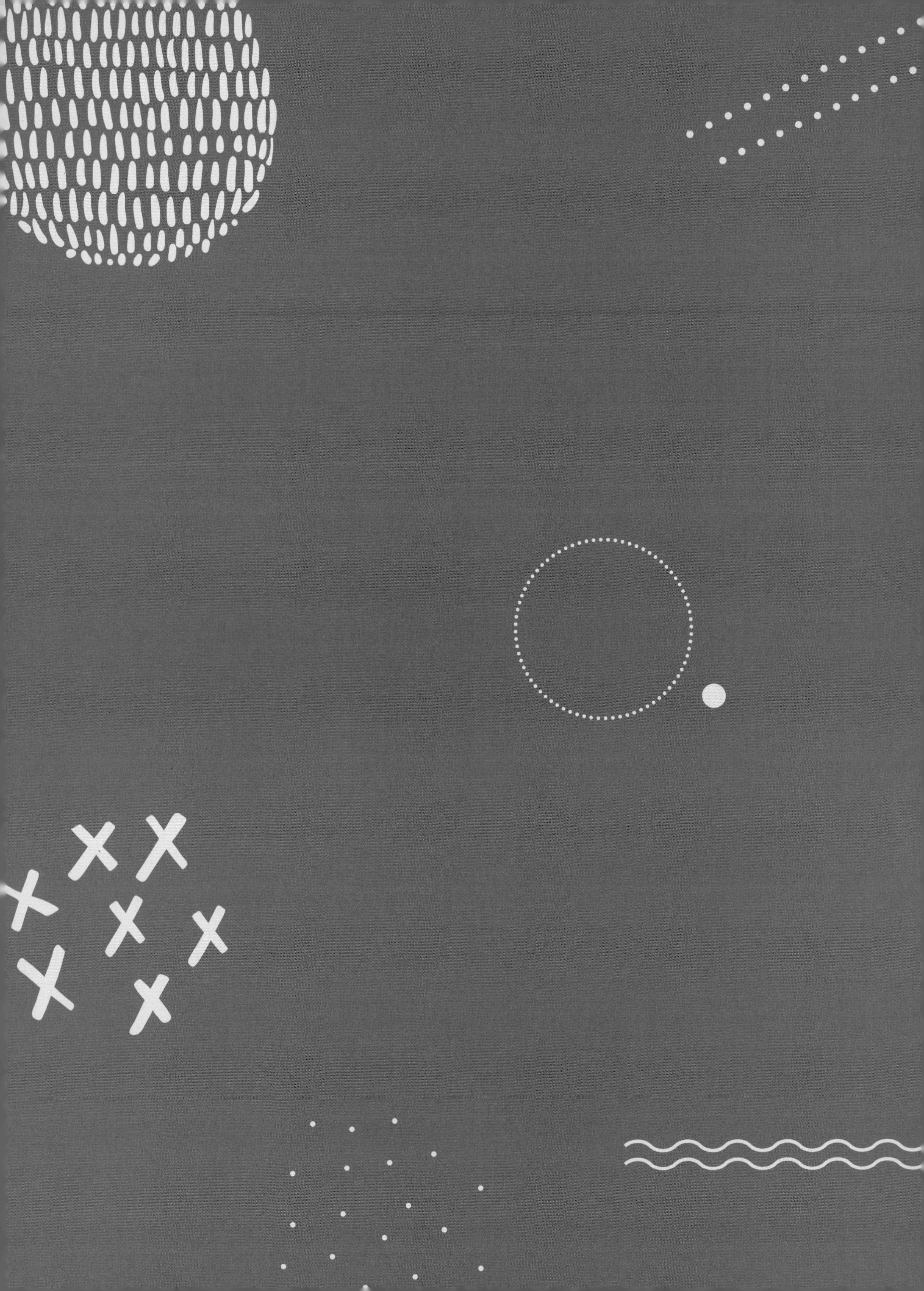

8장

기억력 발달을 돕는 놀이와 나들이

새롭고 다양한 경험이 기억력을 향상시켜요

정보를 기억할 때 뇌에서 가장 처음 반응하는 곳은 전두엽이에요. 전두엽은 꼭 기억해야 할 것과 잊어도 될 것을 구분하는 역할을 합니다. 이는 학습에 있어서도 중요하지요. 편도체에서는 '왠지 감정적으로 자꾸 신경 쓰이는 정보'를 찾아내요. 다양한 정보 중에서 무엇을 기억해야 할지 한 번 더 걸러내는 역할을 하는 것이지요. 실제로 기억력에는 동기와 정서가 작용합니다. 아이는 우연히 알게 된 정보보다 의도적으로 학습한 정보를 더 잘 기억해요. 학습하려는 동기로 인해 정보를 의미 있게 분류하고, 의도적으로 입력하면서 많은 것을 기억하게 되기 때문이지요.

그렇다면 기억력은 언제부터 발달하기 시작할까요? 한 연구 결과에 따르면, 기억력은 영아기에 이미 일정 수준 이상 발달해 있다고 합니다. 아이에게 사진 A를 오랫동안 보여준 후 사진 A와 새로운 사진 B를 동시에 보여주면 사진 B를

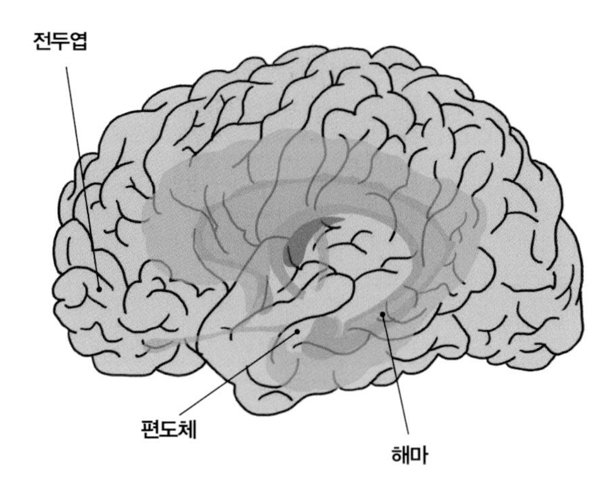

우리의 기억력을 주관하는 영역은 해마와 전두엽이에요. 특히 장기 기억과 관련이 있는 해마는 정서를 담당하는 편도체와 연관돼 있어요. 기억과 정서를 담당하는 영역이 서로 연관돼 있다는 것은 중요한 시사점을 줍니다. 어렸을 때 칭찬을 받거나 긍정적인 경험을 하는 것이 아이의 지능 및 기억력 발달에 도움이 된다는 근거가 되지요.

응시하는 시간이 더 길다고 해요. 사진 A는 이미 기억에 저장돼 있어서 사진 B를 더욱 유심히 보는 것이지요. 그러나 사진 A를 사진 B만큼이나 오랫동안 응시하는 아이도 있어요. 이 경우 아이가 자랐을 때 기억력이 낮을 수 있다고 합니다. 그래서 뇌 과학자들은 아이의 기억력 발달을 돕는 활동은 일찍부터 시작할 필요가 있다고 지적합니다.

기억력에 관한 오해 중 하나가 아이는 유아기 경험을 기억하지 못한다는 거예요. 어른과 아이는 기억을 저장하는 방식에 차이가 있을 뿐, 아이가 기억을 못하는 것이 아니랍니다. 어른은 사건이나 정보를 기억할 때 순서대로 정리하고 구조화해요. 반면에 아이는 감각적으로 받아들여 보이는 대로, 느끼는 대로 기억합니다. 때문에 아이가 긍정적이고 유쾌한 경험을 할수록 좋은 기억을 많이 저장하게 됩니다.

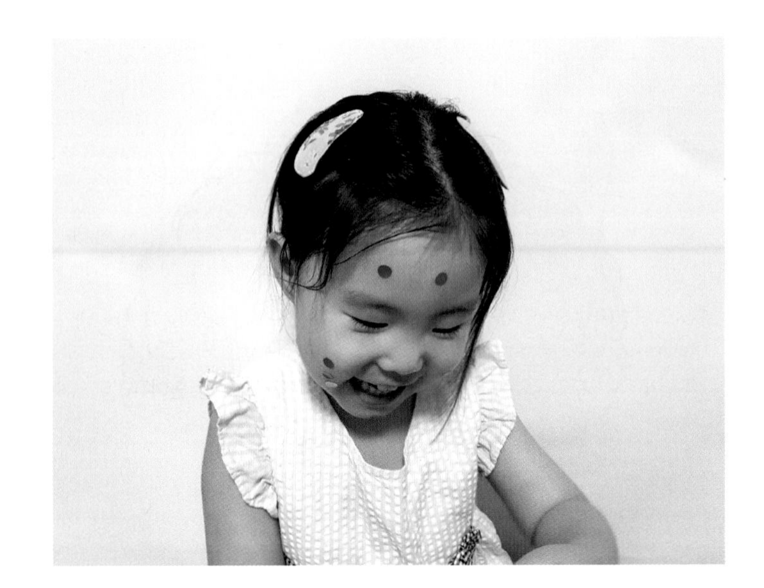

스티커로 놀아요

재료 준비도, 정리도 쉬운 스티커 놀이예요. 아이의 손발, 이목구비, 손가락 등 신체 각 부위의 명칭을 말하며 스티커를 붙여봐요. 아이가 자신의 몸을 이해하는 데 도움이 됩니다. 아이에게 스티커를 붙여줄 때는 예쁘고 소중한 아이 몸에 대한 칭찬도 아끼지 마세요.

준비물	특징	효과
스티커	엄마 아빠와의 유대감은 아이 뇌 발달에 가장 중요한 역할을 해요. 스티커 놀이로 자연스럽게 스킨십을 하면 아이는 정서적으로 안정을 느끼게 됩니다.	호기심 발달, 눈과 손의 협응력 향상, 관찰력 향상, 부모와 소통 증가, 정서 안정

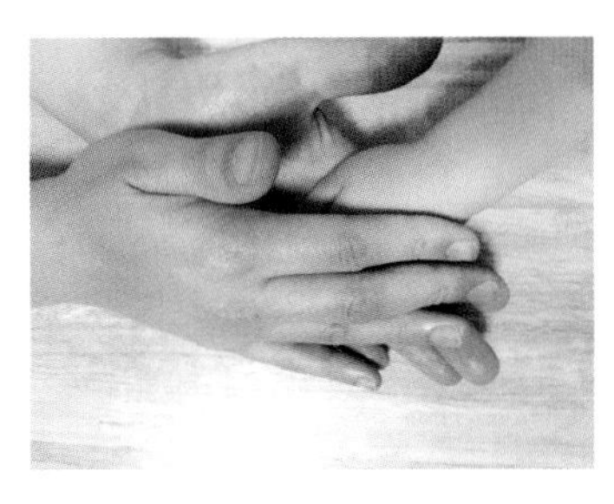

1 아이의 손을 만지며 “예쁜 손이 여기 있네~”라고 말해주세요.

2 아이에게 스티커를 고르게 한 후 “손에 스티커를 붙여볼까?”라고 말하며 스티커를 붙여주세요.

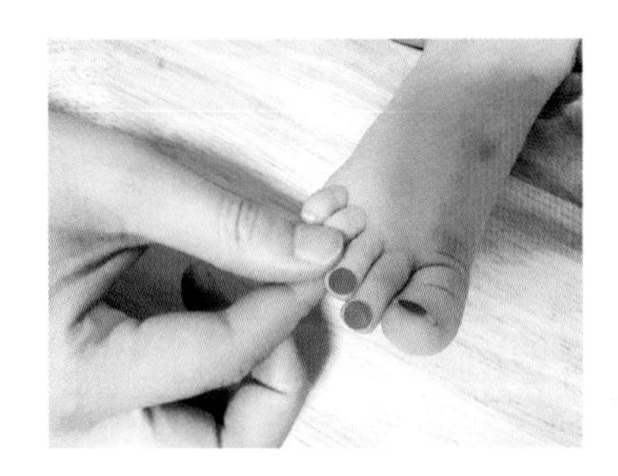

3 발가락에도 스티커를 붙여봐요.

더 쉽고 재밌게 놀아요

동그라미, 별 모양 등의 다양한 스티커를 미리 구매해두면 편리해요.

놀면서 똑똑해져요

아이가 좋아하는 인형이 있다면 인형의 손, 발, 귀 등 명칭을 말하며 스티커를 붙여보세요. 신체 부위의 명칭과 위치를 기억하는 데 효과적이에요.

초간단 팔찌

모루 팔찌를 만들어봐요. 나들이를 하면서 아이가 보고 만져봤던 것을 간단하게 그림으로 그린 후 모루에 붙이면 추억을 저장한 팔찌를 완성할 수 있어요. 모루가 없을 때는 모루 대신 노랑 고무줄을 사용해서 만들어도 좋아요.

준비물	특징	효과
모루, 그림, 테이프	팔찌 대신 반지, 목걸이, 왕관, 발찌 등 다양하게 만들어도 재밌어요.	호기심 발달, 창의력 향상, 눈과 손의 협응력 향상, 아름다움을 보는 재미 증가, 부모와 소통 증가

1 모루를 아이의 팔목 둘레에 맞게 잘라주세요.

2 꽃, 도토리, 열매 등 공원이나 숲에서 봤던 것들을 그리거나 인터넷에서 인쇄한 후 오려요.

3 모루에 그림을 테이프로 붙여서 완성해주세요.

4 팔에 껴보고 무슨 그림인지 아이와 이야기를 나눠요.

놀면서 똑똑해져요

아이에게 나들이에서 무엇을 봤는지, 어떤 소리를 들었는지, 어떤 것을 만져봤는지 자세히 이야기해주세요. 아이가 경험했던 것을 반복해서 알려주면 기억력 발달을 도울 수 있어요.

다른 연령이라면?

30개월 이상이라면 무엇을 만들지 함께 이야기해서 정해요. 테두리를 그리거나 색칠할 때도 아이가 직접 참여해봐요.

알록달록 동물 가랜드

책에서 봤거나 동물원에서 직접 본 동물 기억을 되짚어보는 놀이예요. 칫솔에 물감을 묻혀서 스케치북에 알록달록 색칠한 후 동물 모양으로 오려보세요. 끈에 매달아 가랜드로 만들면 멋진 인테리어 소품이 된답니다.

준비물	특징	효과
칫솔, 물감, 팔레트, 스케치북, 가위, 끈(또는 실), 집게	물 없이 하는 물감 놀이예요. 물감 칠한 스케치북을 동물 모양대로 대충 오리기만 하면 되니 엄마 아빠의 그림 실력이 서툴러도 충분히 괜찮은 작품을 만들 수 있어요.	호기심 발달, 창의력과 표현력 향상, 색채 감각 발달, 정서 안정

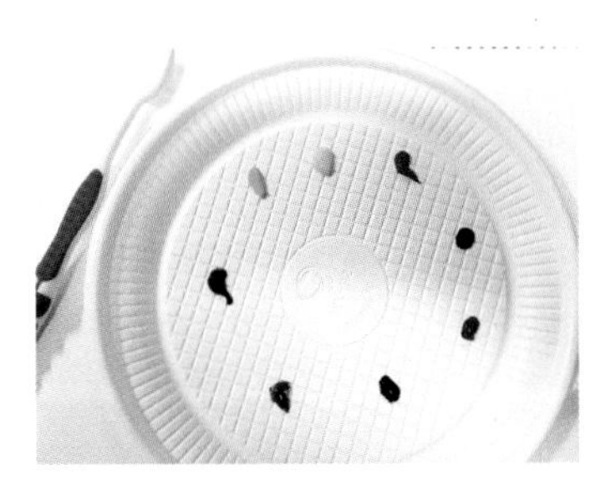

1 팔레트에 물감을 짜주세요.

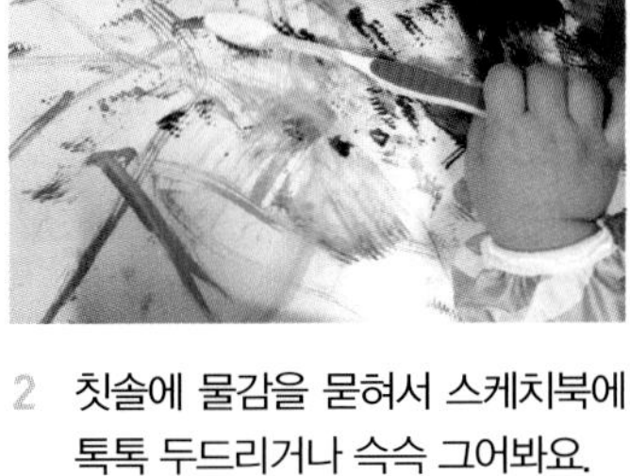

2 칫솔에 물감을 묻혀서 스케치북에 톡톡 두드리거나 슥슥 그어봐요.

3 물감을 말린 후 동물 모양으로 오려주세요.

4 동물 그림을 집게로 끈에 매달고 벽면을 장식해보세요.

더 쉽고 재밌게 놀아요

- 아이가 칫솔을 어떻게 사용할지 모른다면 엄마가 먼저 시범을 보여주세요.
- 동물 모양이 아니어도 좋아요. 나들이를 다녀온 후 아이가 기억하는 대상으로 가랜드를 만들어 봐요.

다른 연령이라면?

36개월 이상이라면 스케치북에 물감을 칠한 후 아이가 가위로 직접 동물 모양을 오려서 끈에 매달아봐요.

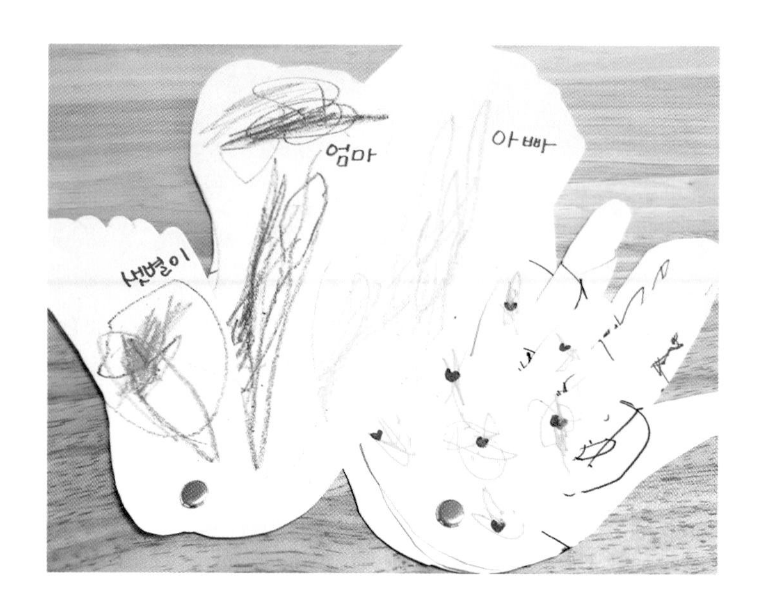

우리 가족 손 책, 발 책

아이가 자신의 몸에 관심을 갖기 시작할 때쯤 손과 발을 종이에 대고 그려봐요. 엄마 아빠, 할머니 할아버지가 다함께 그리면 아이가 좋아해요. 책을 만들 때 아이가 직접 색칠하고 스티커를 붙여서 완성할 수 있게 해주세요.

준비물	특징	효과
스케치북, 할핀, 가위, 크레용(또는 색연필)	손과 발을 그린 후 책으로 만들어봐요. 손 책과 발 책을 펴보며 누구의 손과 발인지, 그때 어디서 무슨 이야기를 했는지 회상할 수 있어요.	크기 감각 발달, 모양 감각 발달, 눈과 손의 협응력 향상, 분별력 향상, 부모와 소통 증가

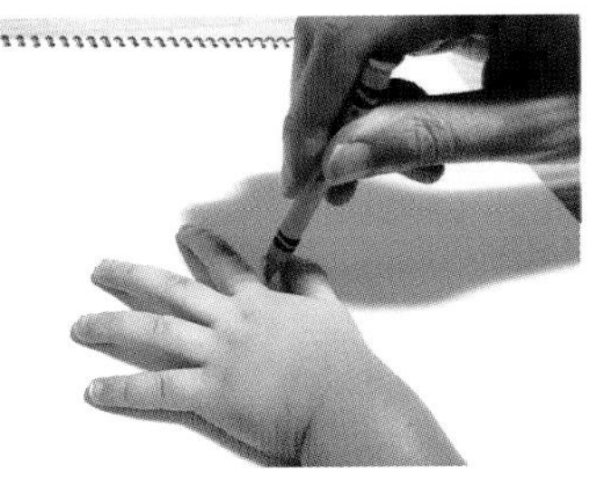

1 스케치북에 아이 손을 대고 그려 주세요.

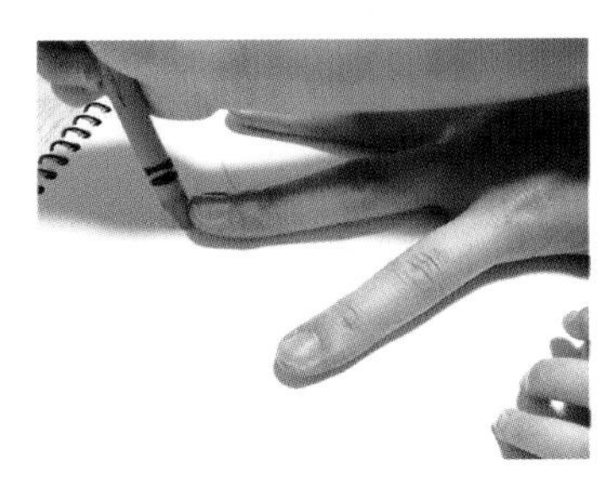

2 아이가 스케치북에 엄마 아빠 손을 대고 그려봐요.

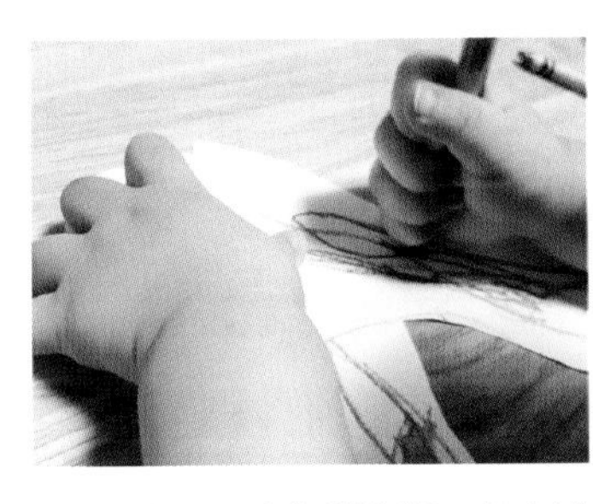

3 가위로 오려서 색칠해요. 손과 발의 주인공이 누구인지 적어놔도 좋아요.

4 손 그림끼리 할핀으로 고정해서 손 책을 만들어요. 발 책도 똑같은 방법으로 만들어요.

더 쉽고 재밌게 놀아요

- 할핀의 끝부분이 아이에게 날카로울 수 있으니 위에 테이프를 붙여주세요.
- 오른손끼리 그려서 책을 만들어도 좋고, 오른손 왼손을 섞어서 만들어도 좋아요.

놀면서 똑똑해져요

자연스러운 스킨십으로 아이의 정서가 안정되면 뇌가 균형 있게 발달해요. 놀이를 할 때도 아이의 신체 부분을 소중하게 다루는 느낌이 들게 해주세요.

다른 연령이라면?

36개월 이상이라면 전지 위에 아이의 몸 전체를 그려주세요. 아이가 자신의 신체 크기와 부위의 전반적인 생김새를 인지하는 데 도움이 됩니다.

내 짝꿍을 찾아줘!

그림 카드로 아이의 집중력과 기억력을 발달시키는 놀이예요. 공간 감각과 시공간 기억력을 담당하는 두정엽을 자극할 수 있어요. 아이가 좋아하는 그림 또는 아이와 더욱 탐구해보고 싶은 대상의 그림을 활용해 카드 놀이를 해보세요.

준비물	특징	효과
그림 카드 4쌍	집에 있는 다양한 카드를 사용해 쉽게 할 수 있어요. 준비 시간 대비 놀이 시간이 길어서 만족스러운 놀이예요.	시각적 기억력 향상, 주의집중력 향상

1 곤충 카드를 관찰하며 이름을 알아봐요. 곤충의 특징을 간단하게 이야기해주세요.

2 곤충 카드를 사진과 같이 배열한 후 위치를 눈에 익히도록 해요.

3 카드를 뒤집어주세요.

4 같은 카드를 찾아봐요. 정답을 맞히면 카드를 가져가고, 더 많은 카드를 가져간 사람이 승리해요.

더 쉽고 재밌게 놀아요

- 처음부터 많은 카드로 시작하면 아이가 흥미를 잃을 수 있어요. 2쌍의 카드로 시작해 점점 카드 개수를 늘려주세요.
- 카드를 배열할 때는 아이가 직접 배열할 수 있게 하는 것도 좋아요. 이를 통해 아이가 카드 위치를 더 잘 기억하게 돼요.
- 카드는 집에 있는 것을 활용하거나 컴퓨터로 인쇄해도 좋아요.
- 카드 종류는 어떤 것이든 상관없어요. 아이가 흥미를 갖는 대상도 좋지만, 아이가 다가가기 어려워하는 대상도 좋아요. 곤충을 싫어하는 아이와 소금쟁이, 사슴벌레가 그려진 그림 카드로 놀이를 했더니 곤충에 관심을 갖고 관찰하기 시작했어요.

놀면서 똑똑해져요

놀이가 끝난 후 각자 가지고 있는 카드 개수를 세어보고 비교해봐요. 이를 통해 아이는 수 개념을 기를 수 있어요.

누가 없어졌을까?

특별한 재료나 준비물이 없어도 쉽게 할 수 있는 기억력 놀이예요. 아이가 좋아하는 인형을 이용해 아이는 시간가는 줄 모르고 흥미롭게 참여한답니다.

준비물	특징	효과
인형	뇌는 흥미로운 정보를 더 잘 기억해요. 아이 역시 자신이 좋아하는 인형을 활용한 놀이에 더 집중하고, 기억을 더 잘하게 됩니다.	기억력 향상, 주의집중력 향상, 성취감 증가

1 인형을 사진처럼 정렬하고 누가 있는지 살펴봐요. 휴대폰 카메라로 사진을 찍어놔요.

2 아이가 눈을 감은 사이에 인형 한 개를 숨겨주세요.

3 어떤 인형이 없어졌는지 함께 맞혀봐요.

4 아이가 잘 모르겠다고 하면 휴대폰 카메라로 찍어놓은 사진을 보여주세요.

더 쉽고 재밌게 놀아요

처음에는 4~5개의 인형 중 하나를 없애는 것부터 시작해주세요. 익숙해지면 인형 개수를 늘려주세요. 숨기는 인형도 1개에서 3~4개까지 늘려가며 난이도를 조절해주세요.

놀면서 똑똑해져요

없어진 인형이 원래 어떤 위치에 있었는지 찾아보도록 해주세요. 순서를 기억하고 공간지각력을 기를 수 있어요.

다른 연령이라면?

36개월 이상이라면 인형을 순서대로 기억했다가 이를 배열해볼 수 있도록 해주세요. 조금 난이도가 높지만 좋아하는 인형들과 함께라면 아이가 집중해서 할 수 있어요.

날 따라해봐요 이렇게

재활용품을 이용해 리본 막대를 만들어요. 엄마 아빠가 리본 막대 춤을 추면 아이가 따라하고, 반대로 서로 역할을 바꿔서 해봐요. 아이가 이전에 하지 않은 새로운 동작을 취할 때마다 칭찬해주세요.

준비물	특징	효과
나뭇가지(또는 나무젓가락), 리본끈, 테이프	간단한 재료로 쉽게 할 수 있는 놀이랍니다. 한 번 만들어 놓으면 한동안 장난감으로 사용할 수 있어요.	주의집중력 향상, 단기 기억력 향상, 표현력과 창의력 향상, 관찰력 향상

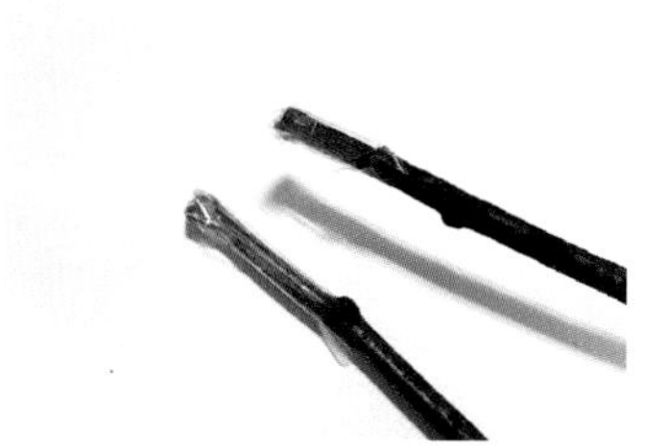

1 나뭇가지 손잡이 부분에 아이 손이 다치지 않도록 테이프를 붙여주세요.

2 반대쪽에 리본끈을 투명 테이프로 붙여주세요.

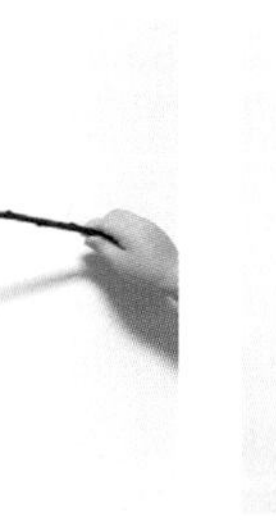

3 리본 막대를 들고 움직여 봐요.

4 음악을 틀어놓고 리듬체조를 신나게 춰요.

더 쉽고 재밌게 놀아요

- 작은 원 그리기, 큰 원 그리기, 물결 그리기 등 엄마 아빠가 먼저 시범을 보여주고 아이가 따라하게 해주세요.
- 리본 막대가 아니어도 공이나 장난감 등 집에 있는 물건을 이용해서 행동 따라하기 놀이를 할 수 있어요.

다른 연령이라면?

36개월 이상이라면 리듬체조 동영상을 본 후 동작을 따라해봐요.

내 나이를 맞혀봐!

'아인슈타인의 뇌'라고도 불리는 두정엽은 공간 감각 및 수 개념과 관련이 있는 영역이에요. 숫자 놀이를 통해 두정엽을 자극해봐요. 아이가 숫자에 관심 갖고 "엄마는 몇 살이야?"라고 물을 무렵에 하면 좋아요. 23을 '이삼'이 아닌 '이십삼'으로 읽게 되고, 나이가 '수' 및 '서열'과 관련이 있다는 것을 인지하는 계기가 돼요.

준비물	특징	효과
숫자판, 스케치북, 사인펜, 테이프	뇌는 흥미로운 정보를 더 잘 기억해요. 놀이를 통해 아이가 숫자와 나이에 관심을 갖게 돼 수 개념을 기를 수 있어요.	수 개념 발달, 수학적 추상력 향상, 주의집중력 향상

1 스케치북에 동물들과 엄마 얼굴을 그린 후 오려주세요.

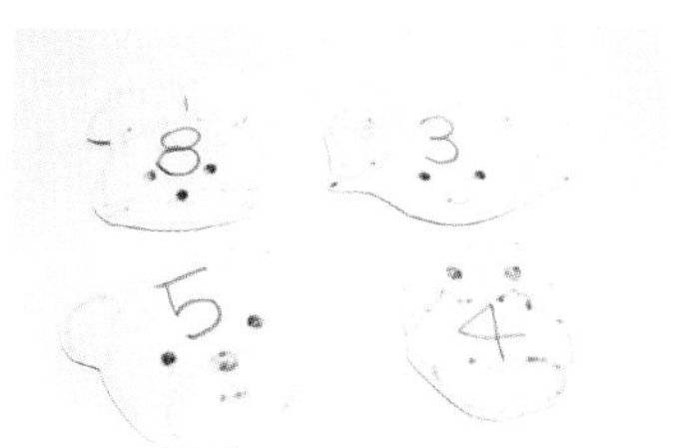

2 뒷면에는 각자의 나이를 숫자로 적어요.

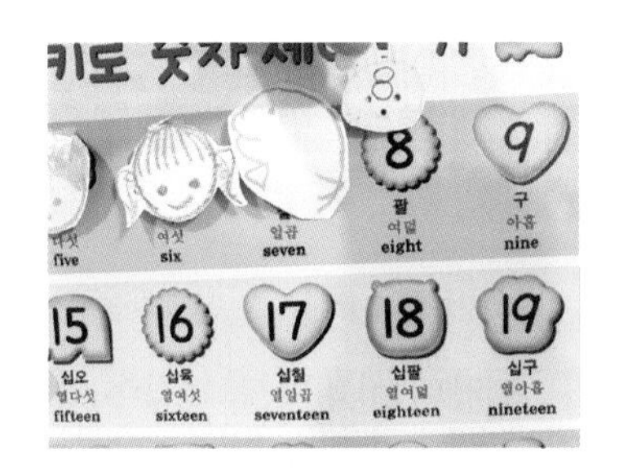

3 숫자판에서 나이와 같은 숫자를 찾아 테이프로 붙여봐요.

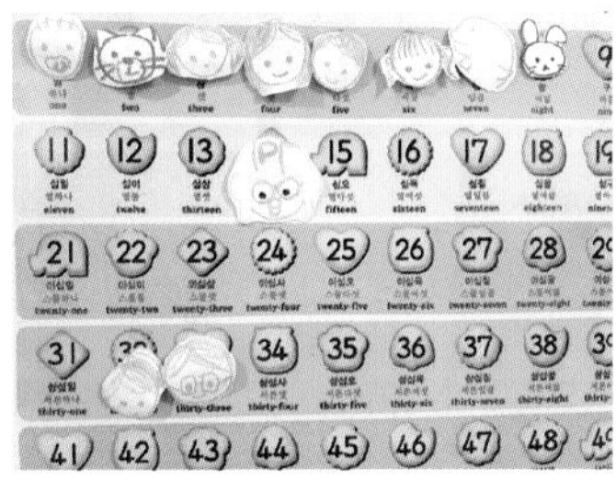

4 여러 개를 붙인 후 "누가 더 나이가 많아?"라고 물어봐요. 숫자판 아래로 내려갈수록 나이가 많다는 것을 알려주세요.

더 쉽고 재밌게 놀아요

- 가족과 친구뿐만 아니라 뽀로로와 야옹이 등 아이가 좋아하는 캐릭터의 나이를 가상으로 설정해주세요.
- 숫자판은 시중에 있는 것을 활용하거나 인쇄해서 사용해도 좋아요.
- 1월 1일이 되면 모두 한 칸씩 오른쪽으로 이동시키면서 나이가 한 살씩 더 늘었다는 이야기를 해주세요.

다른 연령이라면?

36개월 이상이라면 야옹이는 '2'에 있는데 '4'로 가려면 몇 칸을 움직여야 하는지 이야기를 나눠주세요. 더불어 야옹이는 2살, 멍멍이는 4살인데 멍멍이가 몇 살 더 많은지도 물어봐요.

동물 모양 본뜨기

동물 모양을 본떠서 동물농장을 만들어봐요. 물감으로 동물 모양의 가장자리를 칠하는 놀이여서 놀이 방법을 잘 이해하는 아이가 하기에 적합해요. 꼭 동물 모양이 아니어도 괜찮아요. 아이가 생활하면서 접했던 다양한 식물과 물건 등의 모양을 본떠보세요.

준비물	특징	효과
스케치북, 가위, 풀, 물감, 팔레트, 붓, 물통	색연필이나 물감으로 열심히 색칠 놀이를 하다가 정해진 테두리를 벗어나게 색칠해서 속상해하던 아이의 모습을 본 적이 있나요? 본뜨기 놀이는 오히려 정해진 테두리를 벗어나서 자유롭게 칠할 수 있는 놀이예요.	호기심 발달, 관찰력과 창의력 향상, 분별력 향상, 부모와 소통 증가

1 동물농장에 넣을 동물을 스케치북에 그린 후 가위로 오려주세요.

2 동물 그림의 가운데에 살짝 풀칠해서 스케치북에 붙여요. 엄마가 시범을 보여주세요.

3 붓에 물감을 묻혀서 동물 그림의 가장자리에 톡톡 묻히거나 슥슥 칠해주세요.

4 동물 종이를 떼어내요.

더 쉽고 재밌게 놀아요

· 특징이 명확한 동물을 그려요. 그릴 때는 특징이 잘 드러나게 굴곡을 크게 그려서 오려야 무슨 동물인지 파악할 수 있어요. 동물 퍼즐을 대고 그려도 좋아요.

· 그림책에서 본 동물과 동물원에서 만난 동물을 떠올리며 어떤 모습인지, 무슨 색인지, 어떤 소리를 내는지 이야기를 나눠요. 그 후 동물 모양 본뜨기 놀이를 해보세요.

놀면서 똑똑해져요

동물을 만난 경험 이외에 아이가 언제 처음 뒤집기를 시작했는지, 엉금엉금 기었는지, 걸었는지, 언제 어디로 가족여행을 갔는지 등 아이의 경험에 대해 자세히 들려주세요.

다른 연령이라면?

36개월 이상이라면 아이가 동물 그림을 가위로 직접 오려봐요.

무엇이 달라졌는지 맞혀봐!

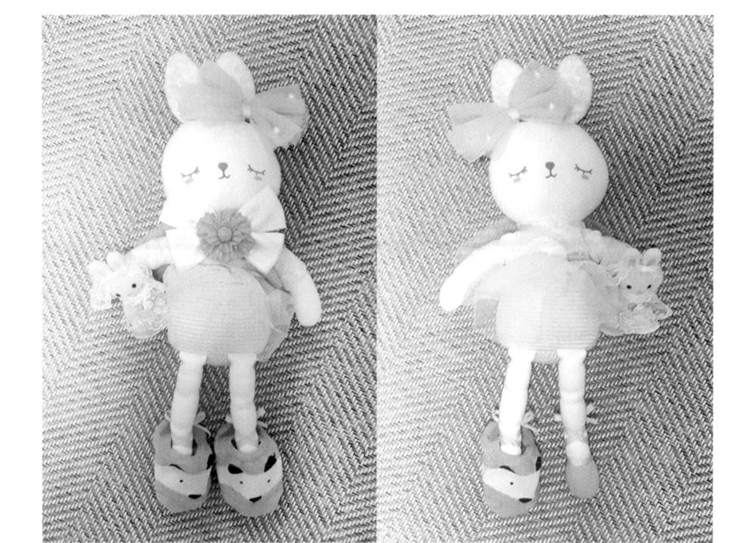

인형의 모습을 관찰하고 기억했다가 달라진 점을 찾아내는 놀이예요. 아이가 머릿속에 저장한 인형 모습과 실제 모습을 비교하며 시공간 기억력을 길러줍니다. 아이가 평소 좋아하던 인형을 활용해 함께 놀아요.

준비물	특징	효과
인형, 꾸미기 소품(리본 핀, 뱃지 등)	아이가 좋아하는 인형을 사용해서 아이도 흥미를 가지고 참여해요. 머릿속에 떠오른 인형 모습과 실제 인형 모습을 비교한 후 어디가 달라졌는지 기억을 더듬는 과정에서 유추 능력이 발달합니다.	주의집중력 향상, 관찰력과 기억력 향상, 유추 능력 향상, 성취감 증가

1 인형을 준비해주세요. 아이와 함께 관찰해요.

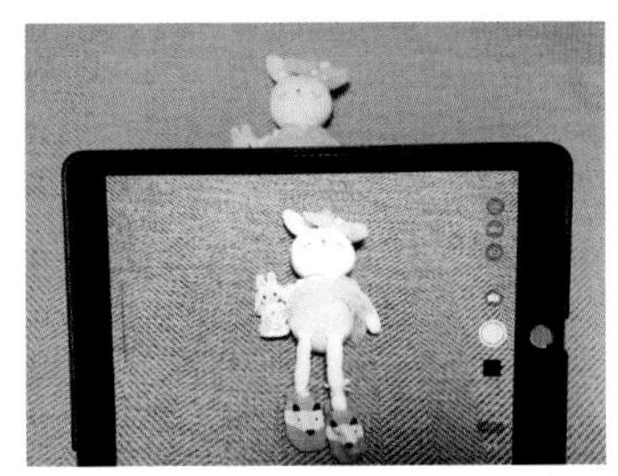

2 초기 상태를 휴대폰 카메라로 사진 찍어놓아요.

3 아이가 눈을 감은 사이에 인형에 꾸미기 소품을 달아주세요. 리본 핀이나 뱃지를 달아도 좋아요.

4 아이에게 달라진 점이 무엇인지 물어보세요. 정답은 초기 사진과 비교해서 확인해요.

더 쉽고 재밌게 놀아요

- 아이에게 관찰할 부분을 설명해주세요. 예를 들어 "인형이 오른손을 들고 있네. 머리에는 분홍색 모자를 썼고 단추가 하나 열려 있어"라는 식으로요. 아이가 관찰하는 방법을 익히고 흥미를 가지게 됩니다.
- 초기 사진이 없으면 아이가 정답을 확인하기 어려워요. 초기 상태를 사진으로 반드시 찍어주세요.

다른 연령이라면?

36개월 이상이라면 인형 집에서 달라진 점 찾기, 주방 놀이 장난감에서 달라진 점 찾기, 매트 위에서 달라진 점 찾기 등으로 놀이 범위를 확장해주세요.

추억 퍼즐을 만들어요

퍼즐은 공간 개념을 익히는 데 아주 유용해요. 퍼즐을 맞추려면 조각의 모양과 크기, 방향을 모두 고려해야 하기 때문이지요. 아이가 의미있는 경험을 했던 사진을 인쇄해서 추억 퍼즐을 만들어보세요.

준비물	특징	효과
인쇄 사진, 가위	퍼즐 놀이 특성상 아이는 실패하기도 하고, 성공하기도 해요. 실패했을 때는 격려와 도움을, 성공했을 때는 아낌없이 칭찬해주세요. 어려운 일도 조금씩 도전하려는 마음을 기를 수 있어요.	소근육 발달, 모양 감각 발달, 수리력과 집중력 향상, 성취감 증가

1 여행 다녀온 사진을 여러 장 인쇄해요.

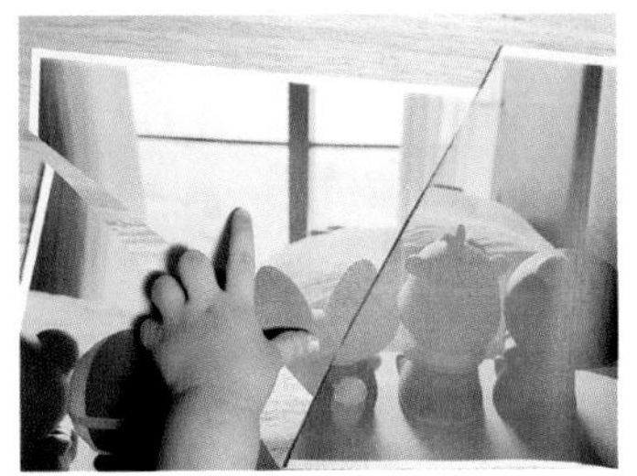

2 사진을 유심히 본 후 세 조각으로 오려주세요. 퍼즐을 맞춰봐요.

3 사진을 네 조각으로 나눈 후 퍼즐을 맞춰봐요.

4 같은 방식으로 다른 사진도 조각을 오린 후 퍼즐을 맞춰봐요.

더 쉽고 재밌게 놀아요

- 사진은 아이가 즐거웠던 경험이 찍힌 인물, 음식, 물건 등 다양하게 골라주세요.
- 같은 사진을 두 장씩 인쇄해서 한 장만 퍼즐로 만들고, 아이가 헷갈려하면 다른 한 장을 잠시 보여주면서 기억할 수 있는 시간을 주세요.

놀면서 똑똑해져요

- 아이가 의미 있는 경험을 잘 기억할 수 있도록 경험에 대해 자세히 반복해서 말해주세요. 그리고 아이가 말로 표현할 수 있게 도와주세요.
- 아이의 경험을 동영상으로 보여주는 것도 기억력 발달에 도움이 돼요. 동영상을 보면서 아이에게 장소, 시간, 내용, 느낌 등 관련된 이야기를 해주는 시간을 마련해보세요.

다른 연령이라면?

36개월 이상이라면 퍼즐 조각을 5~6개로 점점 늘려주세요.

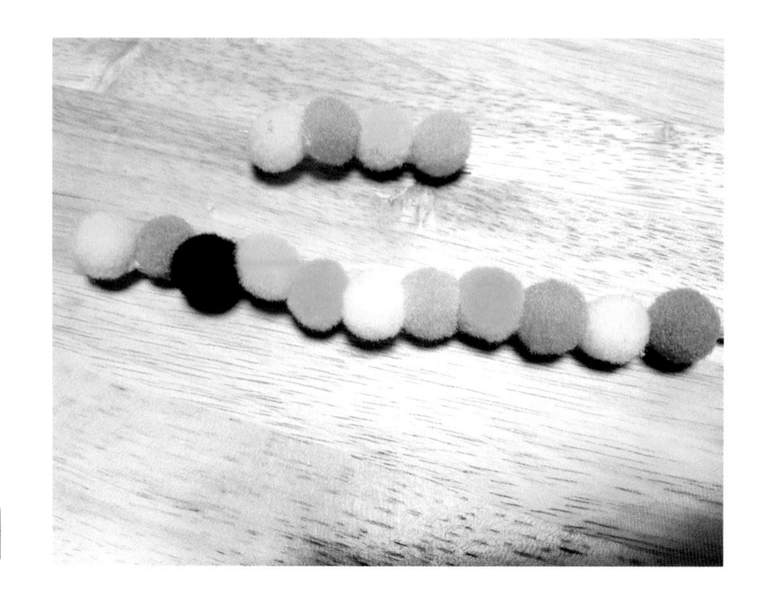

폭신폭신 폼폼 애벌레

아이가 그림책이나 애니메이션에서 본 애벌레를 떠올리며 공작 놀이를 해봐요. 어떤 색의 애벌레를 만들지 이야기를 나누며 산적꼬치에 색깔 폼폼을 골라 끼우면 색을 익히는 데 도움이 돼요. 더불어 폼폼을 끼울 때 개수를 세면 수 개념을 익히기도 좋아요.

준비물	특징	효과
폼폼, 산적꼬치(또는 이수시개)	폼폼은 아이가 가지고 놀기 참 좋은 재료예요. 촉감이 좋고 안전하고 색도 크기도 다양해요. 반짝이 느낌이 나는 폼폼도 있어요.	눈과 손의 협응력 향상, 수리력과 집중력 향상, 힘 조절력과 방향 조절력 향상, 성취감 증가

1 폼폼을 살펴봐요. 어떤 색이 있는지, 몇 개가 있는지, 촉감은 어떤지 관찰해요.

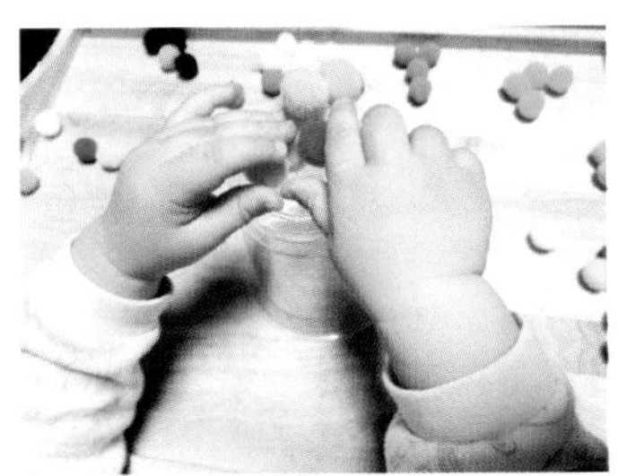

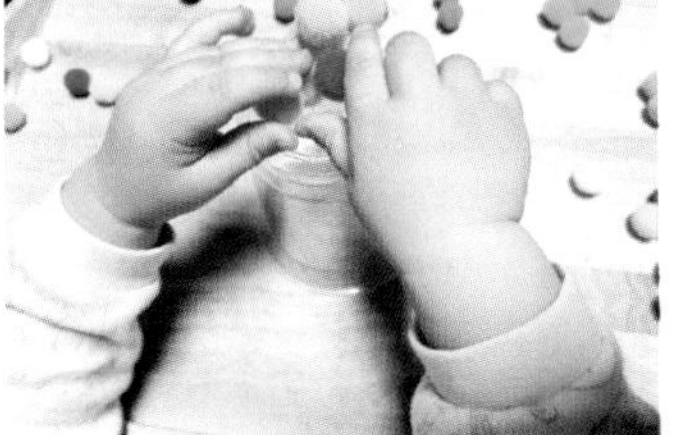

2 폼폼을 컵 위에 최대한 많이 올려봐요. 아이가 원하는 대로 다양하게 폼폼을 이용해서 놀아요.

3 산적꼬치에 폼폼을 끼워봐요. 이때 아이가 손을 찔리지 않게 주의해야 해요.

4 이쑤시개에 꽂은 아기 폼폼 애벌레와 산적꼬치에 끼운 엄마 폼폼 애벌레를 완성해요.

더 쉽고 재밌게 놀아요

- 폼폼을 산적꼬치에 끼울 때는 차분한 분위기에서 해야 해요. 아이가 손을 찔리지 않도록 옆에서 봐주세요. 엄마가 끼워주고 아이가 옆으로 쭉 미는 것도 좋아요.
- 어린 아이의 경우, 아이스크림 나무 막대에 풀로 폼폼을 붙여서 안전하게 애벌레를 만들 수 있어요.

놀면서 똑똑해져요

산적꼬치에 꽂은 폼폼 개수를 세어보고 비교해봐요. 숫자를 세고, 어느 것이 더 많은지 비교하는 과정을 통해 아이의 수 개념과 수리력이 발달해요.

다른 연령이라면?

36개월 이상이라면 완성된 애벌레 두 개를 이용해서 덧셈 개념과 뺄셈 개념을 익혀봐요. "첫 번째 애벌레는 폼폼이 4개, 두 번째 애벌레는 폼폼이 5개. 그럼 폼폼을 총 몇 개 사용했는지 세어보자"는 방식으로 아이가 숫자를 셀 수 있도록 도와주세요.

엄마 아빠가 더 신나는 야외 동물원

아이가 동물에 관심을 갖고 동물의 소리와 움직임을 구별하기 시작하면, 동물원 나들이를 시도하는 것이 좋아요. 아이가 책과 영상에서 보던 동물을 실제로 만나는 것은 흥미로운 경험이 될 수 있어요. 더불어 동물원을 통해 책장에 꽂혀있는 책과 친해질 수 있는 계기가 됩니다.

뇌 교육자들은 아이가 어렸을 때 야외로 나가 동물과 식물, 자연과 만나고 교감하는 것은 뇌 발달에 필수적이라고 말해요. 아이의 뇌를 더 유연하게 해주고 사고의 폭을 넓혀주기 때문이지요.

동식물의 소리와 색은 눈과 귀를 편안하게 하며 마음을 안정시킵니다. 나들이 후에는 아이가 본 동물에 대해 이야기를 나누고 관련된 정보도 찾아보세요. 아이는 흥미를 갖는 정보를 더 쉽게 기억하고, 자신이 기억하는 정보에 더욱 흥미를 갖게 되는 선순환이 이루어진답니다.

용인 에버랜드 주토피아

초식 동물을 만날 수 있는 로스트밸리, 육식 동물을 만날 수 있는 사파리월드를 비롯해 원숭이 마을, 판다 마을 등 다양한 테마에서 멋진 동물들을 만날 수 있어요. 입구에서 유모차 대여가 가능하고 케이블카 등을 이용할 수 있으니 넓은 공간을 걷는 부담을 줄일 수 있어요.

서울 어린이대공원

도심 속에 위치하고 있지만 놀이공원, 동물원, 공원시설까지 모두 갖춰져 있어요. 다양한 공연과 전시도 진행해 문화생활이 가능하답니다. 어른도 아이도 다양한 경험을 할 수 있는 힐링 공간이지요. 지하철역과 가까이에 있고, 입구에서 유모차 대여도 가능하니 대중교통을 이용해서 충분히 가 볼 만한 곳이랍니다.

고양 쥬라리움

아이가 다양한 체험을 할 수 있도록 운영하고 있어요. 매 시간마다 원숭이, 바다코끼리, 물범, 오랑우탄 등 동물의 생태 설명회를 진행해요. 길가에는 원숭이와 앵무새가 사육사와 함께 상시 놀고 있어서 가까이에서 보고 만져볼 수 있어요. 여름에는 물놀이도 함께 할 수 있으니 물놀이 용품을 챙겨가세요.

제주 아침미소목장

어린 아이 가족이 방문하기 참 좋은 나들이 장소예요. 젖소 건초 주기, 송아지 우유 주기, 아이스크림 만들기 등 체험도 다양해요. 초록 들판에서 아기자기한 배경으로 예쁜 사진도 남길 수 있어 엄마가 힐링하기 좋은 곳이에요.

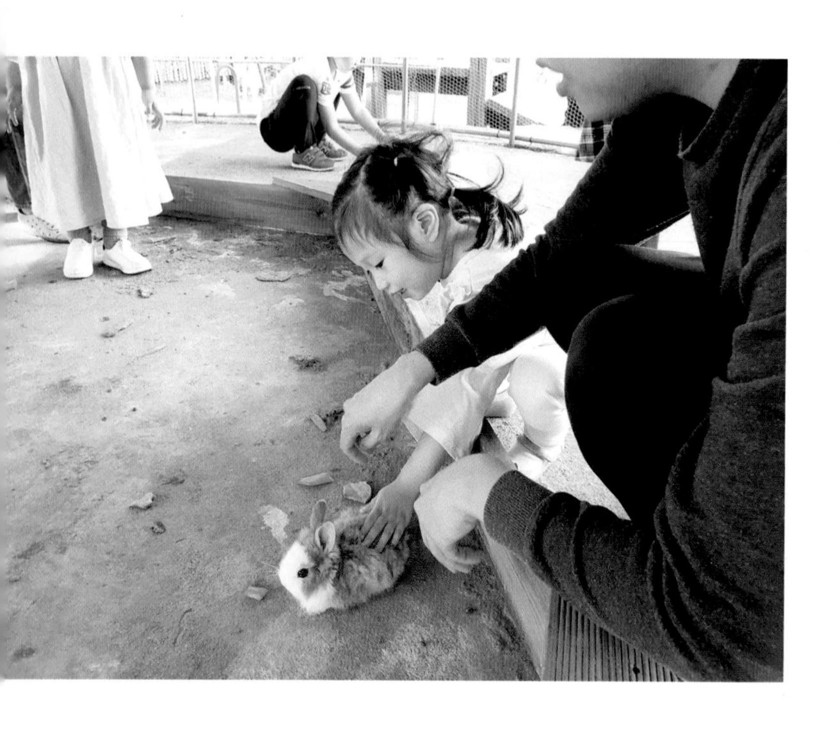

춘천 육림랜드

계절별로 볼거리가 다양하고, 각종 놀이기구를 비롯해 동물들까지 한 번에 만날 수 있어요. 걷지 않아도 토끼, 양, 원숭이는 물론 호랑이, 곰 등 다양한 동물을 가까이에서 만날 수 있답니다. 파크 중심에 위치한 매점에서 동물들의 먹이를 따로 구매할 수 있으니, 아이가 먹이 주기를 즐겨한다면 매점을 꼭 들러주세요.

양평 양떼목장

동물과 교감할 수 있는 시간을 만들어주기 좋은 곳이에요. 몽실몽실 양들과 여러 아기 동물들을 보고 있으면 엄마 아빠도 동심으로 돌아간 기분이 들어요. 다녀온 후에 아이가 한참 동안 양 이야기를 할 정도로 가족 모두 만족스러웠어요. 인근의 민물고기 생태학습관도 함께 방문하기 좋아요.

파주 모산목장

송아지 우유 주기, 엄마 젖소 젖짜기, 건초 주기, 아이스크림 만들기 등 젖소와 관련된 다양한 체험을 할 수 있어요. 예약 시간별로 정해진 인원이 함께 설명을 들으며 체험을 해서 어린 아이의 경우 함께 체험하는 것이 힘들 수 있어요. 헤이리 마을과 가까워 함께 나들이하기 좋아요.

아이가 만나는 푸른 세상 아쿠아리움

아쿠아리움은 동물을 좋아하는 아이에게 충분한 볼거리를 제공하는 곳이에요. 아직 자연 관찰책이 낯선 아이에게 동기 유발을 할 수 있어요. 다양한 수중 생물에 대해 관심을 갖고 관찰하며, 관련 정보에 대한 이야기를 함께 나눠보는 것도 좋아요.

아쿠아리움에서는 시간마다 생태 설명회를 진행하고 먹이 주기, 포토 타임, 퀴즈 맞히기, 돌고래쇼 등 다양한 행사가 진행돼요. 아이와 함께 참여하고 싶다면 미리 시간을 확인하고 방문하면 좋아요. 또한 수유실 유무와 유모차 대여 서비스가 가능한지 미리 확인하면 조금 더 편한 나들이가 될 수 있어요.

대부분의 아쿠아리움은 입장권에 비해 연간 이용권이 저렴한 편이에요. 아이가 아쿠아리움을 흥미로워하는 경우에는 연간 회원권을 이용하는 것이 경제적일 수 있어요.

아쿠아플라넷 63

아이의 첫 아쿠아리움 방문 장소로 추천해요. 아담해서 아이의 짧은 집중 시간과 육아에 지친 엄마의 체력에 딱 맞아요. 방학 기간에는 관람객이 붐비므로 아이와 여유롭게 관람하고 싶다면 피해서 방문하세요.

코엑스 아쿠아리움

국내 최다 상어 서식지인 코엑스 아쿠아리움은 다양한 구경거리와 아기자기한 포토존이 많아요. 관람 시 아이를 안아서 보여줘야겠다고 느낀 적이 거의 없을 정도로 두 돌 무렵의 아이 키에서도 관람이 가능했어요.

롯데월드 아쿠아리움

아이를 데리고 다니기에 동선이 길지 않아요. 벨루가, 펭귄, 수달 등 다양한 동물들을 만날 수 있고 불가사리, 멍게, 소라 등을 직접 만져볼 수 있어요. 생태 설명회 및 먹이 주기 체험도 함께할 수 있는 곳이에요.

고양 아쿠아플라넷(일산점)

일산 킨텍스에서 가까운 곳에 위치해 있어요. 아이를 데리고 다니기에 동선이 길지 않고, 야외 동물원과 포유류존이 함께 있어서 다양한 동물을 만날 수 있어요. 복합몰 내부에 위치한 아쿠아리움과는 또 다른 매력을 느낄 수 있는 멋진 나들이 장소지요.

거제 씨월드

실내외 시설이 고루 갖춰져 있어 실내 아쿠아리움의 어둡고 답답한 환경을 무서워하는 아이도 편하게 둘러볼 수 있어요. 야외에서 진행하는 돌고래쇼는 그야말로 장관이랍니다. 인간과 돌고래의 상호작용 체험 활동 프로그램이 진행되니 미리 시간을 확인하고 방문하세요.

부산 씨라이프 아쿠아리움

250여 종, 1만 여 마리의 해양 생물들을 만날 수 있는 거대한 해양 테마파크예요. 다양한 테마로 이루어진 전시관들이 아이의 시선을 사로잡는답니다. 테마 전시실과 각종 체험 시설을 비롯해 다양한 공연까지 만날 수 있어요. 미리 시간을 확인하고 계획한다면 더욱 유익한 관람을 할 수 있어요.

⋆ 에필로그 ⋆

"놀면서 자란 아이가 행복해요"

아이와 무작정 짐을 싸서 외출한 날, 막상 어디에서 무엇을 해야 할지 몰라 멀뚱멀뚱 다니는 아이를 보며 조금 더 의미 있고, 아이의 발달에 도움이 될 만한 나들이를 계획하기 시작했어요. 처음에는 책에서 본 공작새를 동물원에서 직접 보고 온 후 다시 도화지에 공작새를 그려보는 단순한 활동부터 시작했습니다. 그렇게 놀이와 나들이를 접목시켜 함께 시간을 보낸 지 꽤 오랜 시간이 지났지요. 목적이 있는 나들이 덕분에 아이와 새로운 경험을 차곡차곡 쌓을 수 있었어요.

전쟁 같은 하루를 마무리하고 새근새근 잠든 아이를 보면, 아이의 마음을 헤아려주지 못하고 다그친 것만 같아 미안한 마음이 앞섭니다. 그럴 때면 스스로에게 작은 위로를 하나 건네보세요. "그래도 오늘은 미술 놀이 하나를 같이 했네".

'두뇌발달 놀이'에 한창 빠져 있던 어느 주말 아침. 일찍 눈을 뜬 아이가 뒤늦게 일어난 엄마 아빠에게 오늘의 계획을 이야기해줍니다. 무슨 이야기인가 싶어 들어보니, 그동안 했던 놀이 중 다시 하고 싶은 놀이를 나열하며 함께 하자고 하네요. '두뇌발달 놀이'는 더 이상 부모가 주도하는 놀이가 아니라 아이가 주도하는 놀이가 되었습니다.

영유아기 아이에게는 부모의 칭찬과 관심, 보살핌과 대화가 필요해요. 부모와 함께 놀면서 긍정적인 상호작용을 이어가는 것은 아이의 정서 발달과 인지 발달에도 큰 도움이 되지요. 또한 놀이를 통해 경험을 확장하는 것은 아이의 뇌 안의 시냅스 수를 증가시킬 뿐만 아니라 아이의 자신감도 증진시켜줍니다. 이 책과 함께 자란 아이가 긍정적인 자존감을 형성하고 행복한 아이로 자랄 수 있기를 바랍니다.

놀면서 똑똑해지는
두뇌발달 놀이백과

1판 1쇄 인쇄 2019년 7월 12일
1판 1쇄 발행 2019년 8월 7일

지은이 권정아 · 전예름
펴낸이 고병욱

기획편집실장 김성수 **책임편집** 이새봄 **기획편집** 양춘미 김소정
마케팅 이일권 송만석 현나래 김재욱 김은지 이애주 오정민
디자인 공희 진미나 백은주 **외서기획** 이슬
제작 김기창 **관리** 주동은 조재언 **총무** 문준기 노재경 송민진

펴낸곳 청림출판(주)
등록 제1989-000026호

본사 06048 서울시 강남구 도산대로 38길 11 청림출판(주) (논현동 63)
제2사옥 10881 경기도 파주시 회동길 173 청림아트스페이스 (문발동 518-6)
전화 02-546-4341 **팩스** 02-546-8053
홈페이지 www.chungrim.com **이메일** life@chungrim.com
블로그 blog.naver.com/chungrimlife **페이스북** www.facebook.com/chungrimlife

교정교열 이상미

ISBN 979-11-88700-47-9 (13590)

※ 청림Life는 청림출판㈜의 논픽션·실용도서 전문 브랜드입니다.
※ 이 도서의 국립중앙도서관 출판예정도서목록(CIP)은 서지정보유통지원시스템 홈페이지(http://seoji.nl.go.kr)와 국가자료공동목록시스템(http://www.nl.go.kr/kolisnet)에서 이용하실 수 있습니다.(CIP제어번호: CIP2019026868)